“十二五”职业教育国家规划教材
经全国职业教育教材审定委员会审定

U0292226

高等职业教育建筑工程技术专业系列教材

总主编 /李 辉
执行总主编 /吴明军

砌体结构工程施工

主 编 刘孟良
副主编 赵英菊 董道炎
主 审 宋国芳
参 编 唐 兰 申 昊

重庆大学出版社

内容提要

本书为“高等职业教育建筑工程技术专业规划教材”之一，依据《砌体结构设计规范》（GB 50003—2011）、《砌体结构工程施工质量验收规范》（GB 50203—2011）、《建筑工程施工质量验收统一标准》（GB 50300—2013）、《建筑抗震设计规范》（GB 50011—2010）等最新规范和标准进行编写。全书共4个项目，分别是砖砌体结构施工、圈梁与构造柱施工、砌块与石砌体结构施工、隔墙与填充墙结构施工。每个项目下设5个子项目，分别是知识准备、施工指导、质量检测、实训任务及知识拓展。每个项目都安排有实训任务，学生可以边学边做，在做中学，在学中做，充分调动学习的积极性，为零距离上岗打下坚实的基础。

本教材适用于高等职业院校建筑工程类、工程管理类专业教材，也可用作培训机构及相关技术人员零距离上岗的参考用书。

图书在版编目(CIP)数据

砌体结构工程施工/刘孟良主编.—重庆：重庆大学出版社，2014.8(2019.6重印)
高等职业教育建筑工程技术专业系列教材
ISBN 978-7-5624-7994-9

Ⅰ.①砌…　Ⅱ.①刘…　Ⅲ.①砌体结构—工程施工—高等职业教育—教材　Ⅳ.①TU36

中国版本图书馆CIP数据核字(2014)第077855号

高等职业教育建筑工程技术专业系列教材
砌体结构工程施工
主　编　刘孟良
副主编　赵英菊　董道炎
主　审　宋国芳
责任编辑：刘颖果　版式设计：刘颖果
责任校对：秦巴达　责任印制：张　策
*
重庆大学出版社出版发行
出版人：易树平
社址：重庆市沙坪坝区大学城西路21号
邮编：401331
电话：(023)88617190　88617185(中小学)
传真：(023)88617186　88617166
网址：http://www.cqup.com.cn
邮箱：fxk@cqup.com.cn (营销中心)
全国新华书店经销
POD：重庆新生代彩印技术有限公司
*
开本：787mm×1092mm　1/16　印张：6.25　字数：156千
2014年8月第1版　2019年6月第4次印刷
ISBN 978-7-5624-7994-9　定价：15.00元

本书如有印刷、装订等质量问题，本社负责调换
版权所有，请勿擅自翻印和用本书
制作各类出版物及配套用书，违者必究

编审委员会

顾　　问　吴　泽

总 主 编　李　辉

执行总主编　吴明军

编　　委　（以姓氏笔画为序）

王军强　邓　涛　卢　正　申永康

白　峰　刘孟良　刘晓敏　张　迪

张永平　张银会　李泽忠　杜绍堂

杨丽君　肖　进　陈文元　陈晋中

胡　瑛　赵淑萍　赵朝前　钟汉华

袁建新　袁雪峰　袁景翔　黄　敏

黄春蕾　董　伟　覃　辉　韩建绒

颜立新　黎洪光

序　言

进入21世纪,高等职业教育建筑工程技术专业办学在全国呈现出点多面广的格局。截止到2013年,我国已有600多所院校开设了高职建筑工程技术专业,在校生达到28万余人。如何培养面向企业、面向社会的建筑工程技术技能型人才,是广大建筑工程技术专业教育工作者一直在思考的问题。建筑工程技术专业作为教育部、住房和城乡建设部确定的国家技能型紧缺人才培养专业,也被许多示范高职院校选为探索构建"工作过程系统化的行动导向教学模式"课程体系建设的专业,这些都促进了该专业的教学改革和发展,其教育背景以及理念都发生了很大变化。

为了满足建筑工程技术专业职业教育改革和发展的需要,重庆大学出版社在历经多年深入高职高专院校调研基础上,组织编写了这套《高等职业教育建筑工程技术专业规划教材》。该系列教材由住房和城乡建设职业教育教学指导委员会副主任委员吴泽教授担任顾问,四川建筑职业技术学院李辉教授、吴明军教授分别担任总主编和执行总主编,以国家级示范高职院校,或建筑工程技术专业为国家级特色专业、省级特色专业的院校为编著主体,全国共20多所高职高专院校建筑工程技术专业骨干教师参与完成,极大地保障了教材的品质。

系列教材精心设计该专业课程体系,共包含两大模块:通用的"公共模块"和各具特色的"体系方向模块"。公共模块包含专业基础课程、公共专业课程、实训课程三个小模块;体系方向模块包括传统体系专业课程、教改体系专业课程两个小模块。各院校可根据自身教改和教学条件实际情况,选择组合各具特色的教学体系,即传统教学体系(公共模块+传统体系专业课)和教改教学体系(公共模块+教改体系专业课)。

课程体系及参考学时

模块类型	课程类型	课程名称	参考学时	备 注
公共模块	专业基础课程	建筑力学	220	
		建筑材料与检测	60	
		建筑识图与房屋构造	80	
		建筑结构	180	含结构施工图识读
		建筑 CAD	45	
		建筑设备工程	40	含水、电施工图识读
		建筑工程测量	60	
		建设工程监理	45	
		建设工程法规	30	
		合 计	760	
	公共专业课程	建筑抗震概论	45	
		建筑工程施工组织	60	
		建筑工程计量与计价	70	
		建设工程项目管理	60	
		工程招投标与合同管理	50	
		工程经济学	35	
		合 计	320	
	实训课程（10周）	施工测量综合实训	2周	含地形测绘、施工放线
		建筑制图综合实训	1周	含建筑物测绘
		建筑施工综合实训	5周	含施工方案设计、预算、施工实操
		施工管理综合实训	1周	含造价确定，投标书编制，计算和审核工程进度、产值
		建筑工程资料管理综合实训	1周	含建筑工程资料填写、整理、归档，建筑工程资料软件应用
		合 计	10周	
体系方向模块（二选一）	传统体系专业课程	建筑工程质量与安全管理	60	
		土力学与地基基础	60	
		建筑施工技术	240	含高层建筑施工技术
		合 计	360	

续表

模块类型	课程类型	课程名称	参考学时	备 注
体系方向模块（二选一）	教改体系专业课程	混凝土结构工程施工	80	含高层混凝土结构施工
		砌体结构工程施工	50	
		地基与基础工程施工	60	
		钢结构工程施工	70	含高层钢结构施工
		装饰装修工程施工	60	
		屋面与防水工程施工	40	
		合 计	360	

本系列教材在编写过程中，力求突出以下特色：

（1）依据《高等职业学校专业教学标准（试行）》中“高等职业学校建筑工程技术专业教学标准”和“实训导则”编写，紧贴当前高职教育的教学改革要求。

（2）教材编写以项目教学为主导，以职业能力培养为核心，适应高等职业教育教学改革的发展方向。

（3）教改教材的编写以实际工程项目或专门设计的教学项目为载体展开，突出“职业工作的真实过程和职业能力的形成过程”，强调“理实”一体化。

（4）实训教材的编写突出职业教育实践性操作技能训练，强化本专业的基本技能的实训力度，培养职业岗位需求的实际操作能力，为停课进行的实训专周教学服务。

（5）每本教材都有企业专家参与大纲审定、教材编写以及审稿等工作，确保教学内容更贴近建筑工程实际。

我们相信，本系列教材的出版将为高等职业教育建筑工程技术专业的教学改革和健康发展起到积极的促进作用！

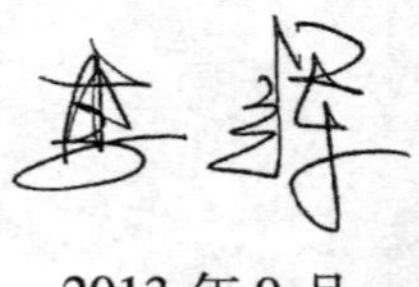

2013 年 9 月

前言

本教材是探索构建"基于工作过程系统化的行动导向"课程体系开发中的一本,可与《混凝土结构工程施工》《地基与基础工程施工》《钢结构工程施工》《屋面与防水工程施工》等教材同时选用。教材内容以专业能力培养要求为导向,以项目教学为主导,以职业能力培养为核心,力求"理-实"一体化(理论和实践相融合),内容上以实际工程项目或专门设计的教学项目为载体展开,突出"职业工作的工作过程和职业能力的形成过程"。

本书通过分析本科教学和高职教学的不同特点,针对高职学生的学习特点并结合多位同事的教学经验,内容注重职业能力的培养,突出了高职教育以应用为主的特色,在基础理论方面以"必需""够用"为原则。

鉴于高职建筑工程技术专业毕业生主要的就业岗位是施工员,为培养上手快、技术基础扎实、安全环保意识强的毕业生,结合教改的整体思路,本书旨在培养学生制订施工方案能力、指导现场施工能力、质量检测和处理问题能力,将建筑材料与机械、建筑测量、施工技术、结构常识及施工组织管理课程内容融合为 4 个项目的教学,分别是砖砌体结构施工、圈梁与构造柱施工、砌块与石砌体结构施工、隔墙与填充墙结构施工。每个项目下设 5 个子项目,分别为知识准备、施工指导、质量检测、实训任务及知识拓展。每个项目都安排有实训任务,学生可以边学边做,在做中学,在学中做,调动学习的积极性,为零距离上岗打下坚实的基础。

如在"项目 1 砖砌体结构施工"中,综合了材料、机具、脚手架、运输机械、轴线引测、标高控制等方面知识,阐述了施工技术要求与要点、质量标准与检查评价、常见质量问题等,并介绍了窗台、勒脚、散水、明沟、变形缝和女儿墙等知识点。实训内容要求学生依据给定墙体及柱的平面及立面图,在实训场地内完成基本功练习,一字砖墙、附墙垛、两端带墙垛墙体及独立砖柱的砌筑和质量检测。

本书依据《砌体结构设计规范》(GB 50003—2011)、《砌体结构工程施工质量验收规范》(GB 50203—2011)、《建筑工程施工质量验收统一标准》(GB 50300—2013)、《建筑抗震设计规范》(GB 50011—2010)等规范和标准进行编写。

本书由湖南交通职业技术学院刘孟良教授主编,湖南交通职业技术学院赵英菊和湖南省机械化施工公司总工董道炎高级工程师担任副主编。具体分工如下:项目1由湖南交通职业技术学院赵英菊编写;项目2由湖南交通职业技术学院唐兰编写;项目3由湖南交通职业技术学院申昊编写;项目4由湖南交通职业技术学院刘孟良编写。全书由湖南交通职业技术学院刘孟良统稿,由湖南工程职业技术学院宋国芳教授主审。

本书配套有丰富的多媒体教学资源,包括教学PPT、习题解答、配套试卷及答案以及视频等,可供教师上课使用。

本书系国家社会科学基金"十一五"规划2009年度教育学一般课题《高职建设类课程项目化、模块化改革研究》(主持人:刘孟良)的研究成果之一,主编人员为课题组研究人员,教材的编写充分吸纳了课题的研究成果,充分体现了高职教育基于能力本位的教育观、基于工作过程的课程观、基于行动导向的教学观及基于整体思考的评价观等高职教育新理念。教材编写过程中参阅了国内同行多部著作,同时部分高职高专院校老师也提出了很多宝贵意见,在此一并表示衷心的感谢!

本教材适用于高等职业院校建筑工程类、工程管理类专业教材,也可用作培训机构及相关技术人员零距离上岗的参考用书。

由于编者水平有限,书中难免有错误和不足之处,恳请读者批评指正。

编　者

2013年12月

目　录

项目1

砖砌体结构施工

项目导读

- **基本要求** 熟悉砖砌体结构材料性能、常用施工机具、垂直运输机械及脚手架的应用;掌握各类型墙体及砖柱的砌筑工艺及要点,并能进行质量检测。
- **重点** 墙体的组砌形式、砌筑工艺和流程,墙体的质量验收标准。
- **难点** 脚手架工程、测量任务的实施及砌筑要点。

子项 1.1 知识准备

1.1.1 项目介绍

墙体是组成建筑空间的竖向构件,它下接基础,中搁楼板,上连屋顶,对整个建筑的使用、造型和造价影响极大,是建筑物的重要组成部分。你知道砖墙是怎么组砌而成的吗?在砌墙的过程中对墙体有哪些要求?在学习完基本知识后试着在实训场地内完成砌筑基本功练习,一字砖墙、附墙垛、两端带墙垛墙体及独立砖柱的砌筑和质量检测。

1.1.2 教学目标

知识目标:熟悉材料的技术指标,掌握墙体的组砌形式、砌筑工艺和流程,熟悉墙体的质量验收标准。

能力目标:具有合理地组织工人进行墙体砌筑的能力,能够对工程质量进行过程控制和检测。

素质目标:培养吃苦耐劳、团结合作的精神及安全责任意识。

1.1.3 砌体材料

1)砌筑用块材

(1)烧结砖

以黏土、页岩、煤矸石、粉煤灰等为主要原材料,经成型焙烧而成的块状墙体材料称为烧结砖。烧结砖按其孔洞率的大小分为:烧结普通砖、烧结多孔砖和烧结空心砖。

①烧结普通砖。普通砖的尺寸规格是240 mm×115 mm×53 mm。烧结普通砖按抗压强度分为MU30、MU25、MU20、MU15和MU10共5个强度等级。如MU30表示砖的极限抗压强度平均值为30 MPa,即每平方毫米可承受30 N的压力。

烧结普通砖根据其外观质量、泛霜和石灰爆裂三项指标,分为优等品(A)、一等品(B)、合格品(C)三个质量等级。

烧结普通砖具有一定的强度、较好的耐久性、一定的保温隔热性能,在建筑工程中主要用于砌筑各种承重墙体和非承重墙体等围护结构。但黏土砖存在与农业争地的问题,因此从节能、节地考虑,应限制黏土砖的使用。

②烧结多孔砖和烧结空心砖。烧结多孔砖有190 mm×190 mm×90 mm和240 mm×115 mm×90 mm两种规格,按抗压强度分为MU30、MU25、MU20、MU15和MU10共5个强度等级。烧结空心砖,根据抗压强度分为MU10、MU7.5、MU5.0、MU3.5三个强度等级,主要用于非承重墙体。

(2)非烧结砖

不经焙烧而制成的砖均为非烧结砖。目前应用较多的有蒸压灰砂普通砖、蒸压粉煤灰普通砖等。

(3)混凝土砖及混凝土小型空心砌块

混凝土砖包括普通砖和多孔砖,其主规格分别为40 mm×115 mm×53 mm和240 mm×115 mm×90 mm。

混凝土小型空心砌块简称小砌块(或砌块),包括普通混凝土和轻骨料(火山渣、浮石、陶粒)混凝土两类,主规格为390 mm×190 mm×190 mm。

2)砌筑砂浆

(1)砌筑砂浆的分类

根据砂浆中胶凝材料的不同,可分为水泥砂浆、石灰砂浆、石膏砂浆和混合砂浆。根据用途,砂浆可分为砌筑砂浆、抹面砂浆、装饰砂浆及特种砂浆等。

水泥砂浆和混合砂浆宜用于砌筑潮湿环境以及强度要求较高的砌体,对于湿土中的砖石基础一般只采用水泥砂浆,因为水泥为水硬性胶凝材料。石灰砂浆宜砌筑干燥环境中砌体和干土中的基础以及强度要求不高的砌体,因为石灰是气硬性胶凝材料。在潮湿环境中,石灰膏不但难以结硬,而且会出现溶解流散现象。

(2)砌筑砂浆的技术性质

①和易性。砂浆和易性是指砂浆便于施工操作的性能,包含流动性和保水性两方面的

含义。砂浆的流动性(稠度)是指在自重或外力作用下能产生流动的性能。流动性采用砂浆稠度测定仪测定,以沉入度(mm)表示。砂浆的保水性指新拌砂浆能够保持水分的能力,也指砂浆中各项组成材料不易分离的性质。砂浆的保水性用分层度表示。

砂浆中掺入适量的加气剂或塑化剂也能改善砂浆的保水性和流动性。通常可掺入微沫剂来改善新拌砂浆的性质。

②砂浆的强度。砂浆按其抗压强度平均值分为 M2.5、M5.0、M7.5、M10、M15 共 5 个强度等级。在一般工程中,办公楼、教学楼以及多层建筑物宜选用 M5.0 ~ M10 的砂浆,平房商店等多选用 M2.5 ~ M5.0 的砂浆,仓库、食堂、地下室以及工业厂房等多选用 M2.5 ~ M10 的砂浆,而特别重要的砌体宜选用 M10 以上的砂浆。

③粘结力。砖石砌体是靠砂浆把块状的砖石材料粘结成为一个坚固整体的,因此要求砂浆对于砖石必须有一定的粘结力。一般情况下,砂浆的抗压强度越高其粘结力也越大。此外,砂浆粘结力的大小与砖石表面状态、清洁程度、湿润情况以及施工养护条件等因素有关。

1.1.4 常用机具与机械

1)砌筑工具和检测工具

常用砌筑用工具有:砖刀、手锤、钢凿、摊灰尺、溜子、抿子、灰板、筛子、铁锹、工具车、运砖车、砖夹、砖笼、料斗、灰斗、灰桶、钢卷尺、皮数杆等。

常用的检测工具有:靠尺(又称托线板),用以检查墙面垂直和表面平整;塞尺,用以检查墙面平整或门窗合缝宽度的数值;百格网,用以检查水平灰缝砂浆的饱满程度;米尺,用以检查墙的厚度和灰缝大小、门窗位置和标高;此外,还有水平尺、方尺、组合检查尺等。

2)搅拌机械

砂浆可用砂浆搅拌机进行搅拌,但由于砂浆搅拌机容量小,故目前施工现场常用混凝土搅拌机搅拌砂浆。

3)运输机械

垂直运输工具主要有井字架、龙门架、建筑施工电梯、塔式起重机等。

(1)井字架

井字架是施工中最常使用和最为简便的垂直运输设施,如图 1.1 所示。它稳定性能好、运输量大、安全可靠,除用型钢或钢管加工的定型井架之外,还可采用脚手架搭设,起重量在 3 t 以内,起升高度达 60 m 以上,设缆风绳保持井架的稳定。缆风绳一般采用钢丝绳,数量不少于4 根,与地面的夹角一般在 30° ~45°,角度过大,则对井架产生较大的轴向压力。井字架可视需要设置悬臂杆。

(2)龙门架

龙门架是由两根立杆及天轮梁(横梁)构成的门式架,如图 1.2 所示。其构造是在龙门架上装有定滑轮及导向滑轮、吊盘(上料平台)、安全装置以及起重索、缆风绳、卷扬机等。起重量在 2 t 以内,起升高度达 50 m 以上。

龙门架的立杆是断面为等边三角形的格构架,刚度好,不易变形,但稳定性较差。由于

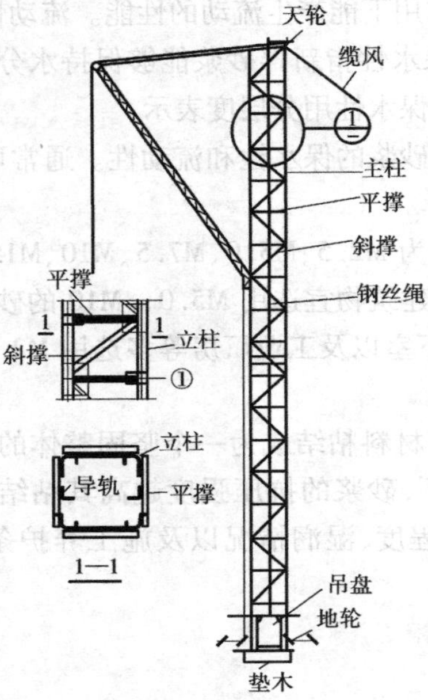

图 1.1　井架

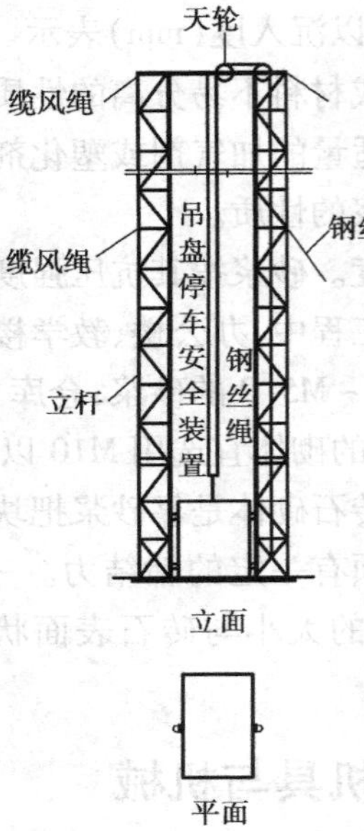

图 1.2　龙门架

龙门架构造简单、制作容易、用料少、装拆方便，一般适合于 10 层以下的房屋建筑。用于超过 10 层的高层建筑施工时，必须采取附墙方式固定，并可在顶部设液压顶升构造，实现井架或塔架标准节的自升接高。

(3)施工电梯(施工升降机)

施工电梯是高层建筑施工中主要的垂直运输设备。它附着在建筑结构部位上或外墙上，随着建筑物的升高而升高，架设高度可达 200 m 以上。多数施工电梯为人货两用。施工电梯按其传动方式分为齿轮齿条式、钢丝绳式和混合式三种。齿轮齿条电梯又有单箱(笼)式和双箱(笼)式，并装有安全限速装置，适于 20 层以上建筑工程使用；钢丝绳式电梯为单吊箱(笼)，无限速装置，轻巧便宜，适于 20 层以下建筑工程使用。

(4)塔式起重机

塔式起重机俗称塔吊，具有提升、回转、水平运输(通过滑轮车移动和臂杆的仰俯)等功能，既可以垂直运输，又可以水平运输。用塔式起重机垂直和水平吊运长、大、重的物料，是井架、龙门架、施工电梯等垂直运输设备所不能的，它是高层建筑施工中常采用的起重吊装兼运输的设备。

水平运输使用最多的是手推车和灰浆车，水平运输距离比较远时常采用机动车辆。

1.1.5　砌筑用脚手架

工人在施工现场砌筑砖墙时，适宜的砌筑高度为 0.6 m，这时的劳动生产率最高。砌筑到一定高度，不搭设脚手架，则砌筑工作就不能继续进行。考虑砌砖工作效率及施工组织等因素，每次搭设脚手架高度确定为 1.2 m 左右，称“一步架”高度，又称为砖墙的可砌高度。搭设脚手架时要满足以下基本要求：

①满足使用要求。脚手架的宽度应满足工人操作、材料堆放及运输的要求。脚手架的宽度一般为 2 m 左右，最小不得小于 1.5 m。

②有足够的强度、刚度及稳定性。施工期间，在各种荷载作用下，要求脚手架不变形、不摇晃、不倾斜。在脚手架上堆砖，只许单行摆三层。脚手架所用材料的规格、质量应经过严格检查，并符合有关规定；脚手架的构造应合乎规定，搭设要牢固，有可靠的安全防护措施并在使用过程中经常检查。

③搭拆简单，搬运方便，能多次周转使用。

④因地制宜，就地取材，尽量节约用料。

砌筑用脚手架按搭设的位置分类，有外脚手架和里脚手架；按其形式分类，有固定式、移动式、升降式及吊、挑、挂等形式。

1）外脚手架

外脚手架是指搭设在外墙外面的脚手架，常用的有钢管扣件式、门式及悬挑式脚手架等。

(1) 钢管扣件式脚手架

①钢管扣件式脚手架的组成。扣件式脚手架主要由钢管、扣件、脚手板和连墙件等组成。主要杆件有立杆、大横杆、小横杆、斜撑。钢管扣件式脚手架采用扣件连接，具有牢固可靠又便于装拆、强度高、稳定性好、适用性强等优点，可以重复周转使用，因而被广泛采用。

钢管应优先选用外径为 48 mm，壁厚为 3.5 mm 的焊接钢管。立杆、大横杆、斜杆的钢管长度以 4 ~6.5 m，小横杆的钢管长度以 2.1 ~2.3 m 为宜。钢管扣件的基本形式有三种（见图 1.3）：对接扣件，也称一字扣件，用于钢管的对称接头；回转扣件，用于连接扣紧两根任意角度相交的钢管；直角扣件，也称十字扣件，用于连接扣紧两根互相垂直相交的钢管。

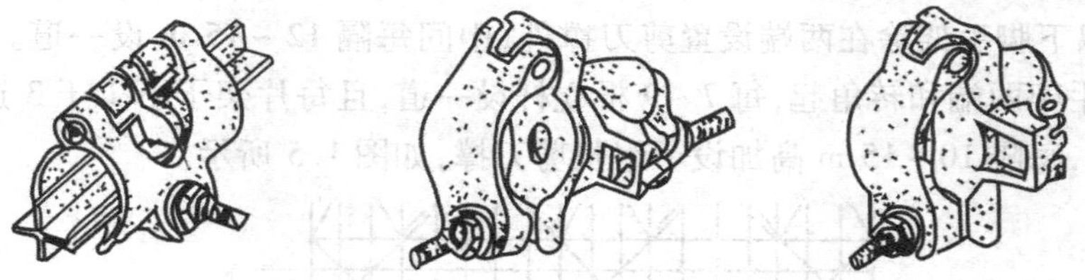

(a) (b) (c)

图 1.3 扣件形式

(a) 对接扣件；(b) 旋转扣件；(c) 直角扣件

②钢管扣件式脚手架的基本形式。钢管扣件式脚手架的基本形式有双排式和单排式两种，其构造如图 1.4 所示。

- 双排脚手架

双排脚手架在脚手架的里外两侧均设有立杆，稳定性好，但搭设费工费料。其构造组成要点如下：

a. 立杆。立杆又称立柱、竖杆、冲天等，是承受自重和施工荷载的主要受力杆件。立杆横距为 0.9 ~1.5 m（高层架子不大于 1.2 m），纵距为 1.4 ~2.0 m。单立杆双排脚手架的搭设高度限制在 50 m 以内，若搭设高度超过 50 m 时，35 m 以下部分应采用双立杆，或自 35 m 起采用分段卸载措施，并且上面的部分单立杆的高度应不小于 30 m。相邻立杆的接头位置应在不同的步距内，与相邻大横杆的距离不宜大于步距的 1/3。

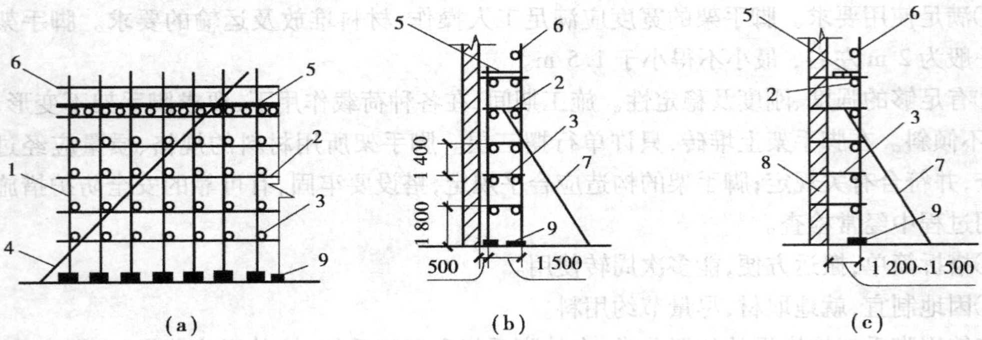

图 1.4　钢管扣件式脚手架基本构造

(a)立面;(b)侧面(双排);(c)侧面(单排)

1—立杆;2—大横杆;3—小横杆;4—斜撑;5—脚手板;6—栏杆;7—抛撑;8—砖墙;9—底座

b. 大横杆。大横杆又称纵向水平杆、牵杠等,是连系立杆平行于墙面的水平杆件,起连系和纵向承重作用。步距为 1.5 ~ 1.8 m。上下横杆的搭接位置应相互错开布置在不同的立杆纵距中,与相近的立杆的距离不大于纵距的 1/3。

c. 小横杆。小横杆又称横向水平杆,是垂直于墙面的水平杆,与立杆、大横杆相交,并支承脚手板,承受并传递施工荷载给立杆的主要受力杆件。小横杆贴近立杆布置,搭设于大横杆之上并用直角扣件扣紧。在同一步距的两个立杆之间根据需要搭设 1 根或 2 根。在任何情况下,作为基本构架结构杆件的小横杆均不得拆除。

d. 剪刀撑。剪刀撑又称十字撑。剪刀撑应连系 3 ~ 4 根立杆,斜杆与水平面夹角宜为 45° ~ 60°范围内,十字交叉地绑扎在脚手架的外侧,能加强脚手架的纵向整体刚度和平面稳定性。35 m 以下脚手架除在两端设置剪刀撑外,中间每隔 12 ~ 15 m 设一道。35 m 以上的脚手架,沿脚手架两端和转角起,每 7 ~ 9 根立杆设一道,且每片架子不少于 3 道。在相邻两排剪刀撑之间,每隔 10 ~ 15 m 高加设一组长剪刀撑,如图 1.5 所示。

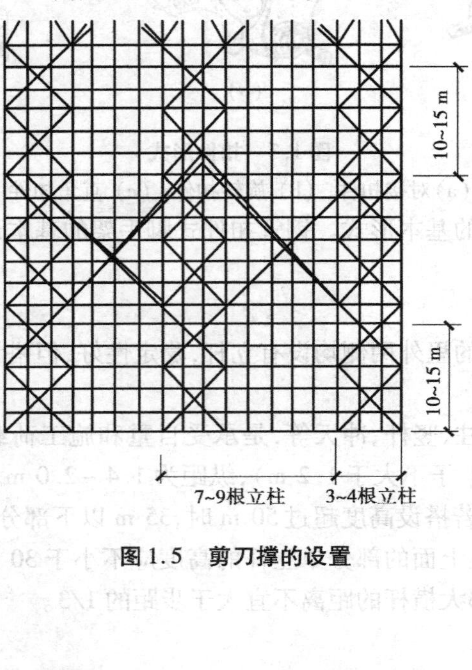

图 1.5　剪刀撑的设置

e. 抛撑。抛撑设在脚手架的外侧，与地面成60°，是横向撑住脚手架的斜杆，起防止脚手板外倾的作用。抛撑的间距要求不超过6倍的立杆间距，并应在地面支点处铺设垫板。

f. 连墙杆。连墙杆每3步5跨设置一根，设置位置应靠近杆件节点处，如图1.6所示。其作用是不仅防止架子外倾或里倒，同时能增加立杆的纵向刚度，从而提高脚手架的抗失稳能力（指刚性连墙件）。

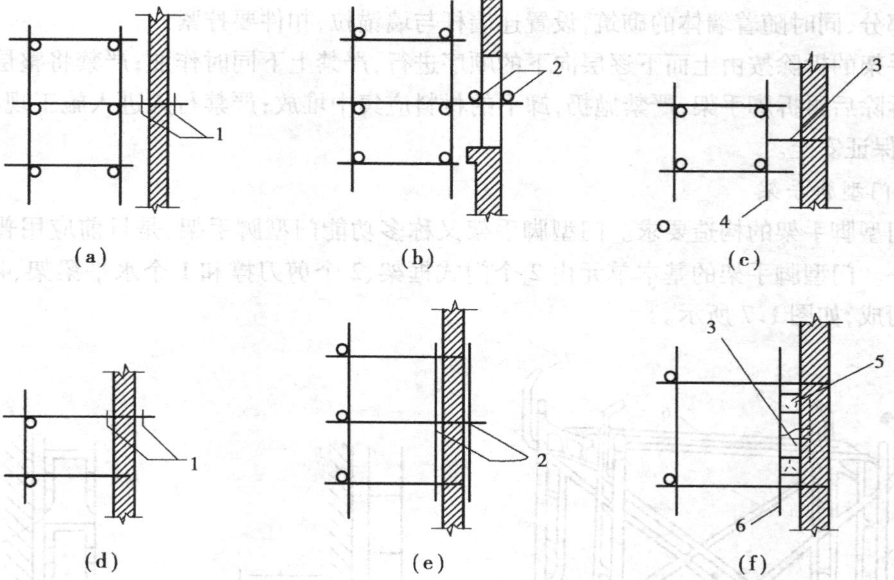

图1.6 连墙杆的做法

(a)，(b)，(c)双排；(d)单排（剖面）；(e)，(f)单排（平面）

1—扣件；2—短钢管；3—铅丝与墙内埋设的钢筋环拉住；4—顶墙横杆；5—木楔；6—短钢管

g. 扫地杆。有纵向扫地杆和横向扫地杆，用于连接立柱下端。通常距底座下皮200 mm，用以约束立柱底端的纵横方向上的位移。

- 单排脚手架

单排脚手架只有一排立杆，小横杆的另一端搁置在墙体上，构架形式与双排基本相同，在使用上受到一定的限制，搭设高度不大于20 m，即一般只用于6层以下的建筑（供作防护用的单排外架，其高度不受此限）。不得用于墙厚小于180 mm的砌体，不适用于承载的非承重墙、靠脚手架一侧的实体厚度小于180 mm空心墙。不得用于外墙面有装饰要求及清水墙等。

不得在下列墙体或部位设置脚手眼：120 mm厚墙、清水墙、料石墙、独立柱和附墙柱；过梁上与过梁成60°的三角形范围及过梁净跨度1/2的高度范围内；宽度小于1 m的窗间墙；砌体门窗洞口两侧200 mm（石砌体为300 mm）和转角处450 mm（石砌体为600 mm）范围内；梁或梁垫下及其左右500 mm范围内；设计不允许设置脚手眼的部位；轻质墙体；夹心复合墙外叶墙。

当脚手架搭设高度超过50 m，由于钢管及扣件的自重荷载的作用，自架高30 m起，必须采用局部卸载装置，将其上部的部分载荷传到建筑结构上，以防止发生安全事故，以确保施工安全。局部卸载设施是指超过搭设限高的脚手架荷载部分地卸给工程结构承受的的措施，即在立杆连续向上搭设的情况下，通过分段设置支顶和斜拉杆件以减小传至立杆底部的荷载。

③钢管扣件脚手架的搭设和拆除。搭设范围内的地基要夯实找平，做好排水处理。立杆底座下垫以木板或垫块。杆件搭设时应注意立杆垂直，竖立第一节立柱时，每 6 跨应暂设一根抛撑，直至固定件架设好后方可根据情况拆除。剪刀撑搭设时将一根斜杆扣在小横杆的伸出部分，同时随着墙体的砌筑，设置连墙杆与墙锚拉，扣件要拧紧。

脚手架的拆除按由上而下逐层向下的顺序进行，严禁上下同时作业；严禁将整层或数层固定件拆除后再拆脚手架；严禁抛扔，卸下的材料应集中堆放；严禁行人进入施工现场，要统一指挥，保证安全。

(2)门型脚手架

①门型脚手架的构造要求。门型脚手架又称多功能门型脚手架，是目前应用普遍的脚手架之一。门型脚手架的基本单元由 2 个门式框架、2 个剪刀撑和 1 个水平梁架、4 个连接器组合而成，如图 1.7 所示。

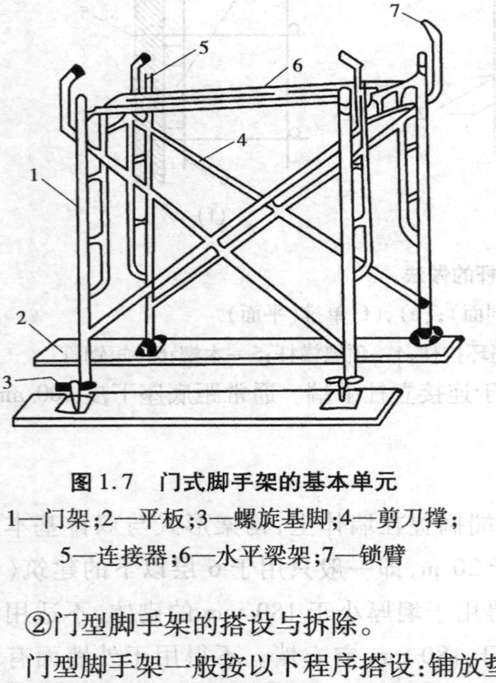

图 1.7　门式脚手架的基本单元

1—门架；2—平板；3—螺旋基脚；4—剪刀撑；5—连接器；6—水平梁架；7—锁臂

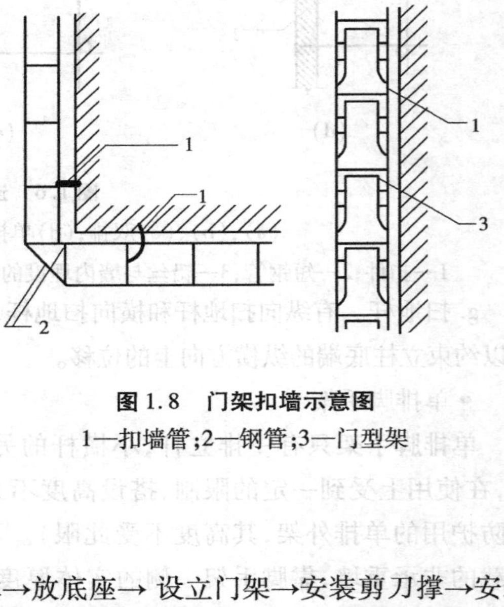

图 1.8　门架扣墙示意图

1—扣墙管；2—钢管；3—门型架

②门型脚手架的搭设与拆除。

门型脚手架一般按以下程序搭设：铺放垫木→放底座→ 设立门架→安装剪刀撑→安装水平梁架→安装梯子→安装水平加固杆→安装连墙杆→按照上述步骤，逐层向上安装→安装加强整体刚度的长剪刀撑→装设顶部栏杆。

搭设门型脚手架时，基底必须先平整夯实。外墙脚手架必须通过扣墙管与墙体拉结，并用扣件把钢管和处于相交方向的门架连接起来，如图 1.8 所示。整片脚手架必须适量放置水平加固杆(纵向水平杆)，前三层要每层设置，三层以上则每隔三层设一道。在架子外侧面设置长剪刀撑。使用连墙管或连墙器将脚手架与建筑物连接。高层脚手架应增加连墙点布设密度。拆除架子时应自上而下进行，部件拆除顺序与安装顺序相反。

(3)悬吊式脚手架

悬吊式脚手架是利用吊索悬吊吊架或吊篮进行砌筑或装饰工程操作的一种脚手架。其悬吊方法是在主体结构上设置支承点。其主要组成部分为吊架(包括桁架式工作台和吊篮)、支承设施(包括支承挑梁和挑架)、吊索(包括钢丝绳、铁链、钢筋)及升降装置等。图1.9为采用屋顶挑架或屋顶挑梁的悬吊方法。

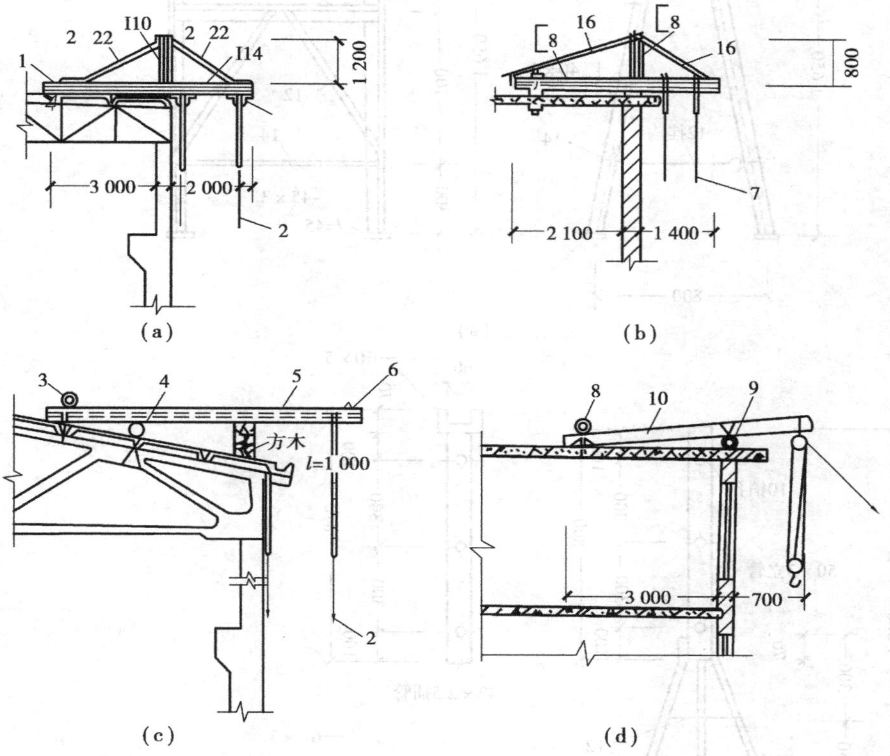

图1.9 悬吊脚手架的悬吊方法

(a),(b)屋顶挑架;(c),(d)屋顶挑梁

1—U形固定环;2—下挂桁架式工作台;3—杉木捆在屋面吊钩上;4—133钢管与屋架捆牢;

5—150钢管挑梁;6—50×5挡铁;7—下挂吊篮;8—压木;9—垫木;10—16圆木挑梁

2)里脚手架

里脚手架搭设在建筑物内部,可采用双排或单排架。一般用于墙体高度不大于4 m的房屋。砖混结构墙体砌筑、室内墙面的粉刷大多采用工具式里脚手架。作为砌筑砌体作业架时,铺板3~4块,宽度应不小于0.9 m;为装饰作业架时,铺板宽度不少于2块或0.6 m。

里脚手架用工料较少,比较经济,但拆装频繁,故要求拆装方便灵活,广泛用于内外墙的砌筑和室内墙面装饰施工。里脚手架结构形式有折叠式、支柱式和门架式等多种形式,如图1.10所示。

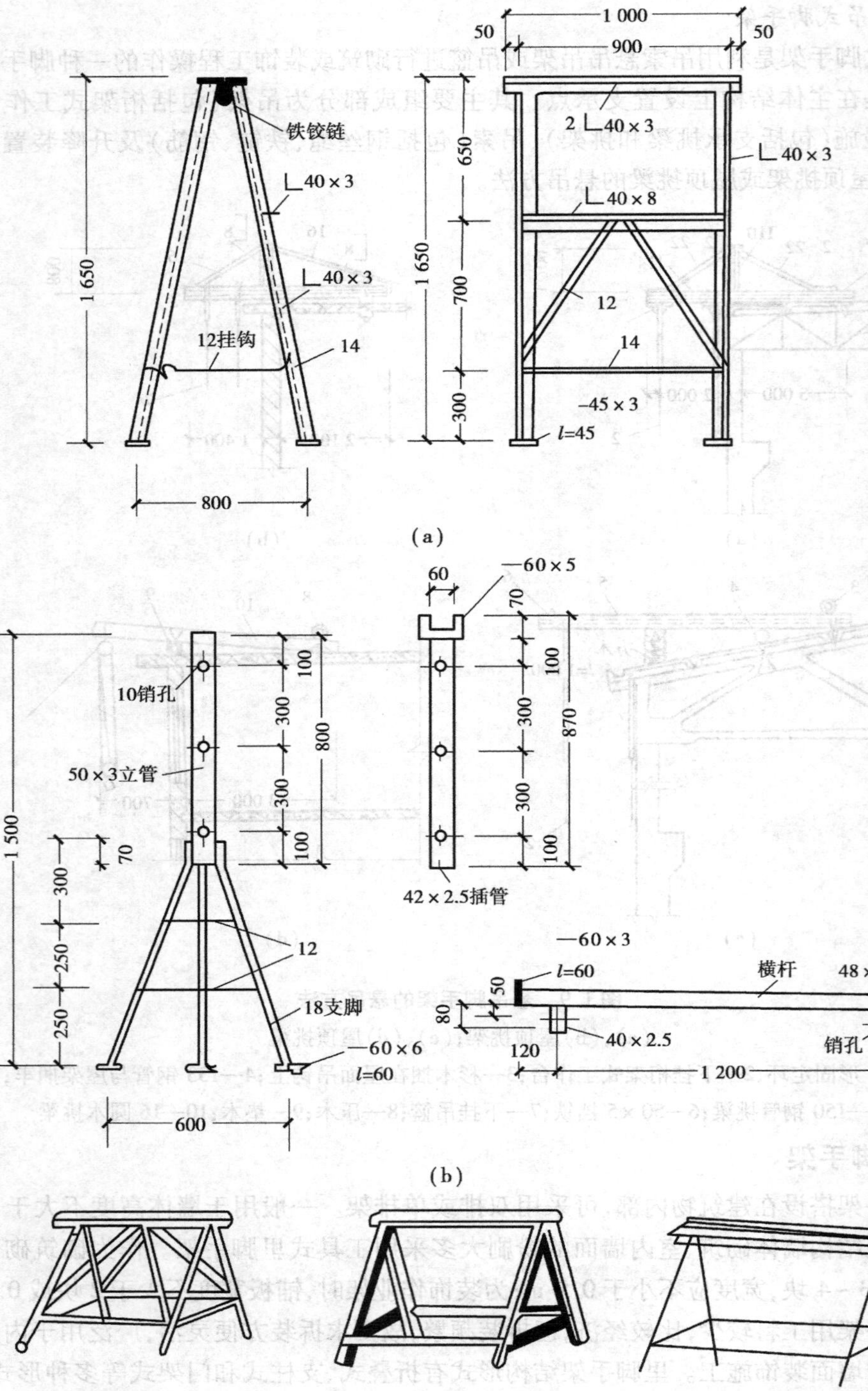

图 1.10　里脚手架

(a)角钢折叠式；(b)支柱式；(c)马凳式

1.1.6 测量任务的实施

在基础施工之前根据建筑总平面图设计要求，将拟建房屋的平面位置和零点标高在地面上固定下来。定位一般用经纬仪、水准仪和钢尺等测量仪器，根据主轴线控制点，将外墙轴线的4个交点用木桩测设在地面上，即龙门板和龙门桩。房屋外墙轴线测定后，根据建筑平面图将内部纵横的所有轴线都一一测出，并用木桩及桩顶面小钉标志出来，即房屋定位。

房屋定位后，根据基础的宽度、土质情况、基础埋置深度及施工方法，计算确定基槽（坑）上口开挖宽度，拉通线后用石灰在地面上画出基槽（坑）开挖的上口边线即放线。

在基础完成后，即可进行砖墙砌筑。砌筑砖墙前应用水泥砂浆对基础顶面进行找平，并校核基础顶面的标高和轴线。

为了保证建筑物平面尺寸和各层标高的正确，砌筑前，必须准确地定出各层楼面的标高和墙柱的轴线位置，以作为砌筑时的控制依据。轴线放出并经复查无误后，再将轴线引测到外墙面上，画上特定的符号，以作为引测到楼层轴线时的依据。还应在建筑物四角外墙面上引测 ±0.000 标高，画上符号并注明，作为楼层标高引测时的依据。轴线和标高引测到墙面上以后，龙门桩、龙门板就可以拆除。

1）轴线引测

为了保证各楼层墙身轴线的重合，并与基础定位轴线一致，可利用经纬仪或铅锤球，把底层的控制轴线引测到各层的楼板边缘或墙上。轴线的引测是楼层放线的关键，故引测后，一定要用钢尺丈量各线间距，经校核无误后，再弹出各房间的轴线和墙边线，并按设计要求定出门窗洞口的平面位置。

2）标高控制

各楼层的标高控制，除用皮数杆控制外，还可以用在室内弹出水平线的方法进行控制。在底层砌到一定高度后，用水准仪根据 ±0.000 标高，在各墙的里墙角引测出标高的控制点，相邻两墙角的控制点间用墨斗弹出水平线，控制点高度一般为 300 mm 或 500 mm（称 300 mm 或 500 mm线），弹线要避开水平灰缝，用来控制底层过梁、圈梁及楼板的标高。第二层墙体砌到一定高度后，先从底层水平线用钢尺往上量取第二层水平线的第一个标高点，以此标志为准，用水准仪定出各墙面的标高点，将各标高点弹线连接，即为第二层的水平线，以此控制第二层的各标高。

子项 1.2 施工指导

1.2.1 施工技术要求与要点

1）施工技术要求

（1）砖墙施工工艺

砖砌体施工工艺是：抄平放线→摆砖样搁底（试摆）→立皮数杆→盘角（把大角）→挂线砌筑→楼层的标高控制及各楼层轴线引测→勾缝、清理

①抄平放线。砌筑前应在做好的墙基面上对建筑物标高进行抄平，保证建筑物各层标高的正确。在做好的墙基面上，根据龙门板（或龙门桩）上的轴线弹出墙身线及门窗洞口的

位置线，先放出墙的轴线，再根据轴线放出砖墙的轮廓线，以作为砌筑时的控制依据。

②摆砖样搁底（试摆）。摆砖就是按照基底尺寸线和已确定的组砌方式，按门、窗洞口分段，在此长度内把砖整个干摆一层（不用砂浆），摆砖时注意使每层砖的砖块排列和灰缝宽度均匀，尽量使门窗垛等处符合砖的模数，偏差小时可调整竖向灰缝，这样就避免了砍砖，提高了生产率。要求山墙摆成丁砖，檐墙摆成顺砖，即所谓的“山丁檐跑”。摆砖结束后，用砂浆把干摆的砖砌起来，称为搁底。

砖在砌筑时，为了错缝，有的要砍成不同的尺寸，可以分为“七分头”“半砖”“二寸条”和“二寸头”，如图 1.11 所示。

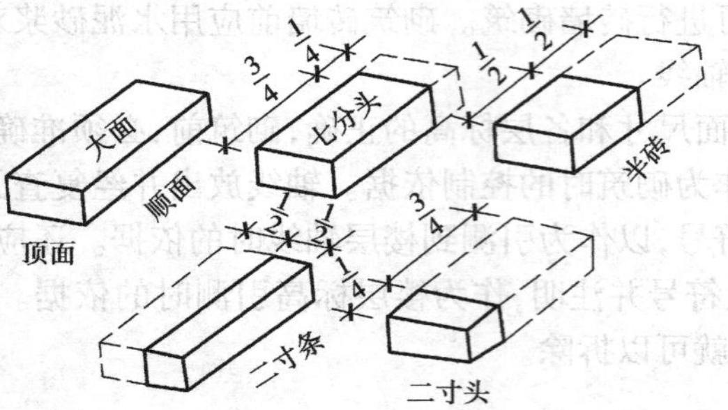

图 1.11　砌体中各砍砖的名称

③立皮数杆（线杆子）。皮数杆上画有每皮砖和灰缝厚度以及门窗洞口、过梁、楼板、楼层高度等位置，用来控制墙体各部构件的标高，并保证水平灰缝均匀、平整。皮数杆常用截面为 50 mm×70 mm 木方做成。皮数杆一般立在墙的转角处、内纵横墙交接处、楼梯间及洞口多的地方，并每隔 10～15 m 立一根，防止过长拉线产生挠度。立皮数杆时，要用水准仪定出室内地坪标高 ±0.000 的位置，使每层皮数杆上的 ±0.000 与室内地坪的位置相吻合，如图 1.12 所示。

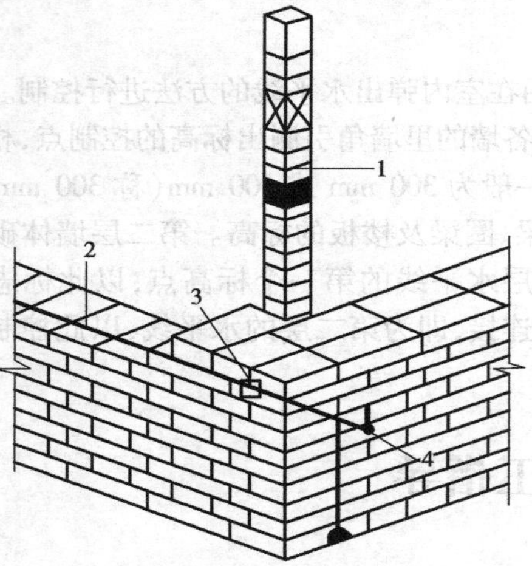

图 1.12　皮数杆示意

1—皮数杆；2—准线；3—竹片；4—圆铁钉

④盘角（把大角）。墙角是确定墙角两面横平竖直的关键部位，从一开始砌筑时就必须认真对待，要求有一定砌筑经验的工人担任。其做法是在摆砖后，一般是先盘砌 5 皮大角，要求找平、吊直、跟皮数杆灰缝。砌大角要用平直、方整的块砖，作七分头搭接错缝进行砌筑，使墙角处竖缝错开。为了使大角砌得垂直，开始砌筑的几皮砖一定要用线锤与托线板将它校直，以作为后续砌筑时向上引直的依据。标高与皮数控制要与皮数杆相符。

⑤挂线砌筑。在砌筑砖墙时，为保证墙面的水平灰缝平直，必须要挂线砌筑。盘角 5 皮砖完成后（每次砌筑高度不超过 5 皮砖），就要进行挂线，以便砌筑墙的中间部分墙体。在皮数杆之间拉线，对于 240 mm（一砖墙）的砖墙外手单面挂线；对于 370 mm（一砖半墙）以上的砖墙，应双面挂线。挂线时，两端必须将线拉紧。

⑥勾缝、清理。勾缝是清水墙施工的最后一道工序，要求深浅一致、颜色均匀、粘结牢固、压实抹光、清晰美观。勾缝所用材料有原浆勾缝和加浆勾缝两种。原浆勾缝直接用砌筑

砂浆勾缝;加浆勾缝用1:1~1:1.5水泥砂浆勾缝,砂为细砂,水泥采用32.5级的普通水泥,稠度为40~50 mm。

勾缝形式有平缝、斜缝、凹缝、凸缝等,常用的是凹缝和平缝,深度一般凹进墙面为4~5 mm。勾缝的顺序是从上而下,先勾横缝,后勾竖缝。在勾缝前一天将墙面浇水洇透,以利于砂浆的粘结。一段墙勾完以后要用扫帚把墙面清扫干净。

(2)*砌筑方法*

砖砌体的砌筑方法有"三一"砌砖法、"二三八一"砌砖法、挤浆法、刮浆法和满口灰法。其中,"三一"砌砖法和挤浆法最为常用。

①"三一"砌砖法。即一块砖、一铲灰、一揉压并随手将挤出的砂浆刮去的砌筑方法。这种砌法的优点是灰缝容易饱满、粘结性好、墙面整洁,故实心砖砌体宜采用"三一"砌砖法。

②挤浆法(铺浆法)。即用灰勺、大铲或铺灰器在墙顶上铺一段砂浆,然后双手拿砖或单手拿砖,用砖挤入砂浆中一定厚度之后把砖放平,达到下齐边、上齐线、横平竖直的要求。砌筑时,铺浆长度不得超过750 mm,施工期间气温超过30 ℃时,铺浆长度不得超过500 mm。这种砌法的优点是:可以连续挤砌几块砖,减少烦琐的动作;平推平挤可使灰缝饱满;效率高。

(3)*砖砌体的组砌形式*

烧结普通砖有三对相等的面,最大的面称为大面,长的一面称为条面(顺面),短的一面称为丁面。当砌体的条面朝外时称为顺砖,丁面朝外时称为丁砖,大面朝外时称为侧砖。用普通烧结砖砌筑的砖墙,依其墙面的组砌形式不同,常用的有以下几种砌筑方法:

①一顺一丁(满丁满条)。一顺一丁砌筑法是一皮顺砖与一皮丁砖间隔砌成,上、下皮竖缝都要错开1/4砖长,如图1.13(a)所示。这种组砌方法各皮间上、下错缝,内处搭砌,搭接牢靠,砖墙整体性好;操作易熟练,变化小;砌砖时容易控制墙面横平竖直。由于上、下皮都要错开1/4砖长,在墙的转角、丁字接头、门窗洞口等处都要砍砖;竖缝不易对齐,出现游丁

(a)

(b)

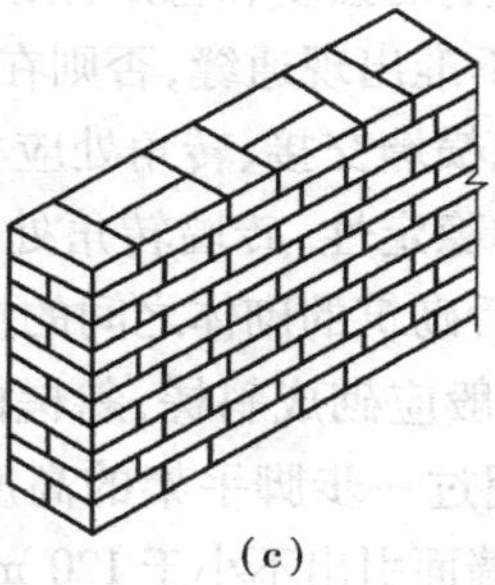

(c)

图1.13 砖墙组砌形式

(a)一顺一丁;(b)三顺一丁;(c)梅花丁

走缝等问题。这种砌筑方法主要适用于 370 mm（一砖半墙）和 490 mm（两砖墙）墙。

②三顺一丁。三顺一丁砌筑法是由三皮顺砖与一皮丁砖相互交替组砌而成，如图 1.13(b)所示。上、下皮顺砖搭接长度为 1/2 砖长，顺砖与丁砖的搭接长度为 1/4 砖长。一般情况下，在砌第一皮砖时为丁砖，主要用于 240 mm 砖墙（一砖墙）、承重的内横墙。这种组砌方法省工，同时在墙内的转角、丁字与十字接头、门窗洞口砍砖较少，提高了工作效率；但对工人技术要求高，而且容易向外挤出，影响反面墙面的平整度。

③梅花丁（俗称沙包丁、十字式）。梅花丁砌筑法是在同一皮砖层内一块顺砖一块丁砖间隔砌筑（转角处不受此限），上、下两皮砖间竖缝错开 1/4 砖长，丁砖在 4 块顺砖中间形成梅花形，如图 1.13(c)所示。主要适用于砌 240 mm 砖墙。这种组砌方法内外竖缝每皮都能错开，故受压时整体性能好，竖缝都相互错开 1/4 砖长，外形整齐美观，这对清水墙尤为重要，特别是当砖的规格出现差异时，竖缝易控制。在施工中由于丁、顺砖交替砌筑，操作时容易搞混；砌筑费工，效率较低。

2)施工要点

(1)砖墙砌筑的施工要点

砖砌体的质量要求为：横平竖直、灰浆饱满、上下错缝、接槎可靠。

①横平竖直。横平，即要求每一皮砖必须保持在同一水平面上，每块砖必须摆平；竖直，即要求砌体表面轮廓垂直平整，竖向灰缝必须垂直对齐。对不齐而错位时，称为游丁走缝，会影响砌体的外观质量。墙体垂直与否直接影响砌体的稳定性，墙面平整与否直接影响墙体的外观质量。在施工过程中，要做到“三皮一吊，五皮一靠”，一般砌三层砖用线锤吊大角直不直，砌五层砖用靠尺靠一靠墙面垂直平整度。要随时检查砌体的横平竖直，检查墙面平整度可用塞尺塞进靠尺与墙面的缝隙中，检查此缝隙的大小；检查墙面垂直度时，可用 2 m 靠尺靠在墙面上，将线锤挂在靠尺上端缺口内，使线与尺上中心线重合。

②灰浆饱满。水平灰缝过厚，使砌体产生浮滑，不仅会掉灰（落地灰），造成浪费，还对砌体结构不利；水平灰缝过薄，砂浆不饱满，使砌体的粘结力不够，同样对砌体整体性不利。将水平灰缝厚度控制在 8 ~ 12 mm，一般取 10 mm；砌体水平灰缝的砂浆饱满度不得小于 80%，施工现场水平灰缝的砂浆饱满度用百格网检查。垂直灰缝不能太大或者太小，否则对砌体结构也有不利影响，会产生透风或影响结构的保温隔热性能；若没有灰缝（俗称瞎缝），则对砌体结构的整体性影响会更大。

③上下错缝。为了保证砌体有一定的强度和稳定性，应选择合理的组砌形式，使上下两皮砖的竖缝相互错开至少 1/4 砖长，不准出现通缝，否则在垂直荷载作用下，砌体会由于“通缝”丧失整体性而影响强度。同时，纵横墙交接、转角处应相互咬合牢固可靠。

④接槎可靠。为保证砌体的整体稳定性，砖墙转角处和交接处应同时砌筑。对不能同时砌筑而需临时间断，先砌的砌体与后砌筑的砌体之间的接合处称为接槎。为使接槎牢固，须保证接槎部分的砌体砂浆饱满，一般应砌成斜槎，斜槎的长度不应小于高度的 2/3，如图 1.14 所示。临时间断处的高差不得超过一步脚手架的高度。对留斜槎确有困难时，除转角外也可留直槎，但必须做成阳槎，即从墙面引出不小于 120 mm 的直槎，如图 1.15 所示；并设拉结筋，拉结筋的设置应沿墙高每 500 mm 设一道，每道按墙厚 120 mm 设一根 $\phi 6$ 钢筋（120 mm 厚墙放置 2 $\phi 6$ 拉结钢筋），伸入墙内长度每边不小于 500 mm。

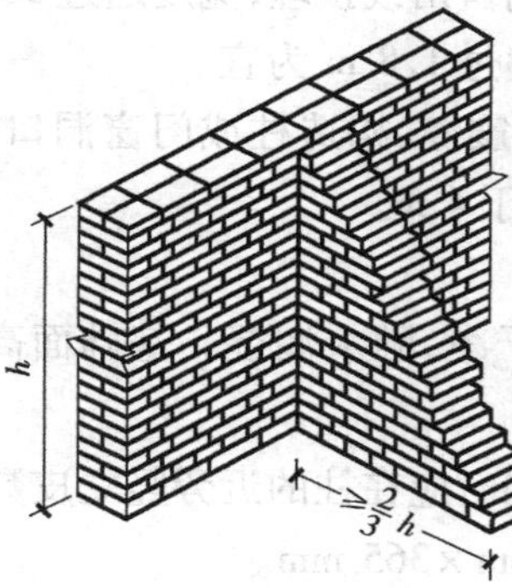

图 1.14 斜槎示意图

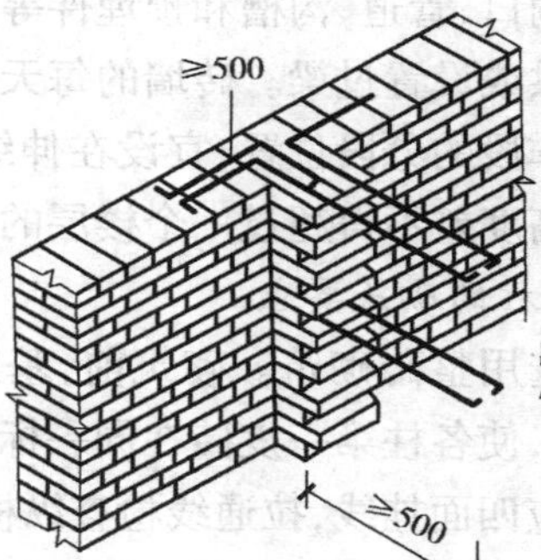

图 1.15 直槎处拉结钢筋示意图

⑤宽度小于 1 m 的窗间墙，应选用整砖砌筑，半砖或破损的砖应分散使用在受力较小的砖墙。

⑥砖墙中留置临时施工洞时，其侧边离交接处的墙面不应小于 500 mm。洞口顶部宜设置过梁，也可在洞口上部采取逐层挑砖办法封口，并预埋水平拉结筋，洞口净宽不宜超过 1 m。

⑦砖墙的转角处，每皮砖的外角应加砌七分头砖。当采用一顺一丁砌筑形式时，七分头砖的顺面方向依次砌顺砖，丁面方向依次砌丁砖。砖墙的丁字交接处，横墙的端头隔皮加砌七分头砖，纵墙隔皮砌通。当采用一顺一丁砌筑形式时，七分头砖丁面方向依次砌丁砖。砖墙的十字交接处应隔皮纵横墙砌通，交接处内角的竖缝应上下错开 1/4 砖长。如图 1.16 所示。

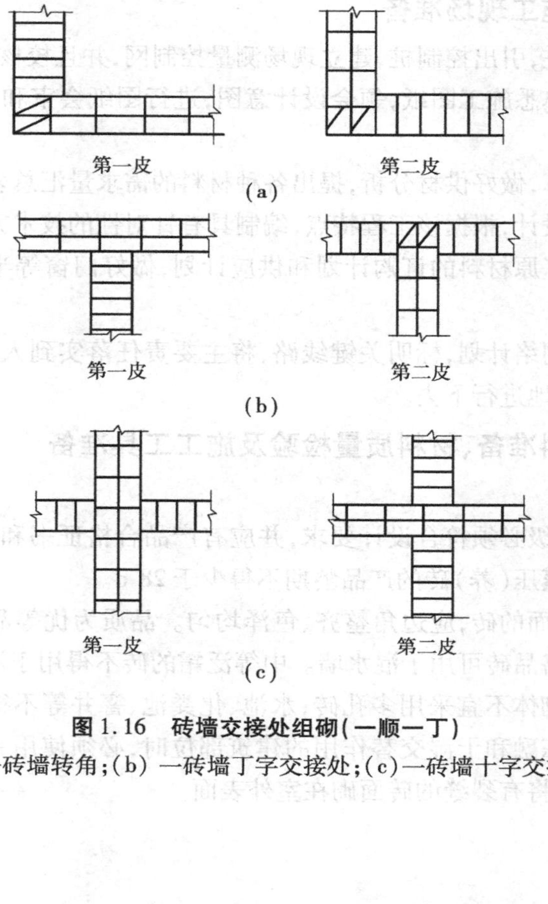

图 1.16 砖墙交接处组砌(一顺一丁)

(a)一砖墙转角；(b) 一砖墙丁字交接处；(c)一砖墙十字交接处

⑧墙中的洞口、管道、沟槽和预埋件等应于砌筑时正确留出或预埋，宽度超过 300 mm 的洞口应砌筑平拱或设置过梁。砖墙的每天砌筑高度以不超过 1.8 m 为宜。

⑨砖墙工作段的分段位置，宜设在伸缩缝、沉降缝、防震缝、构造柱或门窗洞口处，相邻工作段的砌筑高度差不得超过一个楼层的高度，也不宜大于 4 m。

(2)独立砖柱的砌筑要点

①砖柱应选用整砖砌筑。砌筑前，基层表面应清扫干净，洒水润湿。基础面高低不平时，要进行找平，使各柱第一皮砖在同一标高上。

②砌砖柱应四面挂线，拉通线检查纵横柱网中心线，同时应在柱的近旁竖立皮数杆。

③砖柱断面宜为方形或矩形。最小断面尺寸为 240 mm × 365 mm。

④砖柱砌筑应保证砖柱外表面上下皮垂直灰缝相互错开 1/4 砖长，砖柱内部少通缝，为错缝需要应加配砖。

⑤不得采用包心砌法。

⑥成排同断面砖柱，宜先砌成两端的砖柱，以此为准，拉准线砌中间部分砖柱，这样可保证各砖柱皮数相同、水平灰缝厚度相同。

⑦砖柱中不得留脚手眼。

⑧砖柱每日砌筑高度不得超过 1.8 m。

1.2.2 施工现场准备、材料及机具准备

1)技术准备及施工现场准备

①检查规划红线桩，引出控制桩，建立现场测量控制网，并且校核，做到准确无误。

②组织技术人员熟悉施工图纸，领会设计意图，进行图纸会审和图纸设计交底，并做好施工技术交底。

③编制施工图预算，做好供材分析，提出各种材料的需求量汇总表。

④编制施工组织设计，根据该工程特点，编制具有针对性的技术方案和安全方案。

⑤组织人员落实好原材料的订购计划和供应计划，做好门窗等半成品的供求计划及相应的各类技术文件。

⑥制订施工进度网络计划，标明关键线路，将主要责任落实到人，保证关键工序的顺利进行，使网络计划顺利地进行下去。

2)工程使用材料准备、材料质量检验及施工工具准备

(1)砖的准备

砖的品种、强度等级必须符合设计要求，并应有产品合格证书和性能检测报告，进场后应进行复验。砌筑时蒸压(养)砖的产品龄期不得少于 28 d。

用于清水墙、柱表面的砖，应边角整齐、色泽均匀。品质为优等品的砖适用于清水墙和墙体装修；一等品、合格品砖可用于混水墙。中等泛霜的砖不得用于潮湿部位。冻胀地区的地面或防潮层以下的砌体不宜采用多孔砖；水池、化粪池、窨井等不得采用多孔砖。蒸压粉煤灰砖用于基础或受冻融和干湿交替作用的建筑部位时，必须使用一等砖或优等砖。多雨地区砌筑外墙时，不宜将有裂缝的砖面砌在室外表面。

由于烧结砖极易吸水，在砌筑时容易过多吸收砌筑砂浆中的水分而降低砂浆性能（流动性、粘结力和强度）和影响砌筑质量，因此应提前1～2 d浇水湿润，并可除去砖面上的粉末。烧结普通砖含水率宜为10%～15%，浇水过多会产生砌体走样或滑动。灰砂砖、粉煤灰砖不宜浇水过多，其含水率控制在5%～8%为宜。

（2）砂浆的准备

砂浆需按设计通过试配确定砂浆配合比。当砌筑砂浆的组分材料有变更时，其配合比应重新确定。砂浆应采用机械搅拌。如若采用混合砂浆，应在使用前两周将石灰膏化好备用，不得采用脱水硬化的石灰膏。

砌筑砂浆使用的水泥品种及标号，应根据砌体部位和所处环境来选择。水泥进场使用前，应分批对其强度、安定性进行复验。检验批应以同一生产厂家、同一编号为一批。砂浆用砂的含泥量应满足下列要求：对水泥砂浆和强度等级不小于M5的水泥混合砂浆，不应超过5%；对强度等级小于M5的水泥混合砂浆，不应超过10%；人工砂、山砂及特细砂，应经试配能满足砌筑砂浆技术条件要求。

（3）砂浆制备与使用

搅拌混合砂浆的投料顺序是：先加入少量的砂和水，随即将石灰膏全部加入，进行充分搅拌，均匀后再加入砂的用量一半和水，搅拌后再加入水泥和剩下的砂及水，经充分搅拌至颜色均匀、稠度适宜为止。

①拌制砂浆用水，水质应符合国家现行标准《混凝土拌和用水标准》（JGJ 63—2006）的规定。

②砂浆现场拌制时，各组分材料应采用质量计量。

③砌筑砂浆应采用机械搅拌，自投料完算起，搅拌时间应符合下列规定：水泥砂浆和水泥混合砂浆不得少于2 min；水泥粉煤灰砂浆和掺用外加剂的砂浆不得少于3 min；掺用有机塑化剂的砂浆，应为3～5 min。

④砂浆应随拌随用，水泥砂浆和水泥混合砂浆应分别在3 h和4 h内使用完毕；当施工期间最高气温超过30 ℃时，应分别在拌成后2 h和3 h内使用完毕。对掺用缓凝剂的砂浆，其使用时间可根据具体情况适当延长。

（4）机具的准备

砌筑前，必须按施工组织设计所确定的垂直运输机械和机械设备方案组织进场，并作好机械设备的安装，搭设好搅拌棚，安设好搅拌机，同时准备好脚手工具和砌筑用的工具，如贮灰槽、铲刀、砍斧、皮数杆（线杆子）、托线板等。

1.2.3 施工过程

（1）选砖与墙面排砖

砌清水墙时应选择棱角整齐、无弯曲裂纹、颜色均匀、规格基本一致的砖。对于那些焙烧过火变色、轻微变形及棱角碰损不大的砖，则应用于基础及不影响外观的内墙或混水墙上。

一般外墙第一皮砖撂底时，横墙应排丁砖，前后纵墙应排顺砖。根据已弹出的门窗洞口位置墨线，核对门窗间墙、附墙柱（垛）的长度尺寸是否符合排砖模数，如若不符合模数，则要考虑好砍砖及排放的计划。所砍的砖或丁砖应排在窗口中间、附墙柱(垛)旁或其他不明显的部位,并可按下式计算丁砖层排砖数 n 和顺砖层排砖数 N(普通砖)。

①墙面排砖:墙长为 L,单位 mm,一个立缝宽按 10 mm,如图 1.17 所示。

丁行砖数　　$n=(L+10)/125$

当 $L=1\ 365$ mm 时,$n=(1365+10)/125=11$(皮)。

条行整砖数　　$N=(L-365)/250$

当 $L=1\ 365$ mm 时,两端错缝各用一个七分头,$N=(1\ 365-365)/250=4$(皮)。

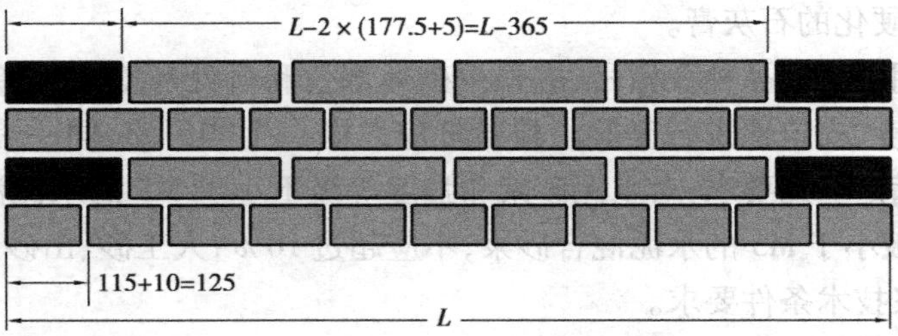

图 1.17　墙面排砖计算

②门窗洞口上下排砖:洞宽为 B。

丁行砖数　$n=(B-10)/125$

条行整砖数　$N=(B-135)/250$

③计算立缝宽度:应在 8 ~ 12 mm,如图 1.18 所示。

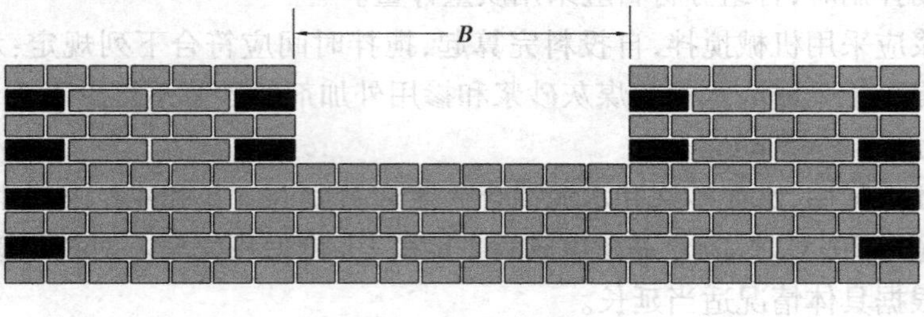

图 1.18　洞口排砖计算

计算时取整数,并根据余数的大小确定是加半砖、七分头砖,还是减半砖并加七分头砖。如果还出现多或少于 30 mm 以内的情况时,可用减小或增加竖缝宽度的方法加以调整,灰缝宽度在 8 ~ 12 mm 是允许的。也可以采用同时水平移动各层门窗洞口的位置使之满足砖的模数的方法,但最大水平移动距离不得大于 60 mm,而且承重窗间墙的长度不应减少。每一段墙体的排砖块数和竖缝宽度确定后,就可以从转角处或纵横墙交接处向两边排放砖,排完砖并经检查调整无误后,即可依据摆好的砖样和墙身宽度线,从转角处或交接处依次砌筑第一皮撂底砖。

(2)砖柱与砖垛(附墙砖柱)排砖原则

砖柱一般砌成矩形断面,个别也有砌成圆形、多角形断面。依其断面大小不同的砌法中,应使柱面上下皮砖的竖缝相互错开 1/2 砖或 1/4 砖长;柱心无通缝;少砍砖并尽量利用 1/4 砖;严禁采用先砌四周后填心的包心砌法。砖垛的砌筑,应使垛与墙身逐皮搭接;不得分离砌筑，搭接长度至少为1/2砖长；根据错缝需要可加砌3/4砖或1/2砖。

①砖柱的砌法。砖柱无论采用哪种砌法，均应使柱面上、下皮砖错缝搭接，柱心无通缝，如图1.19所示。

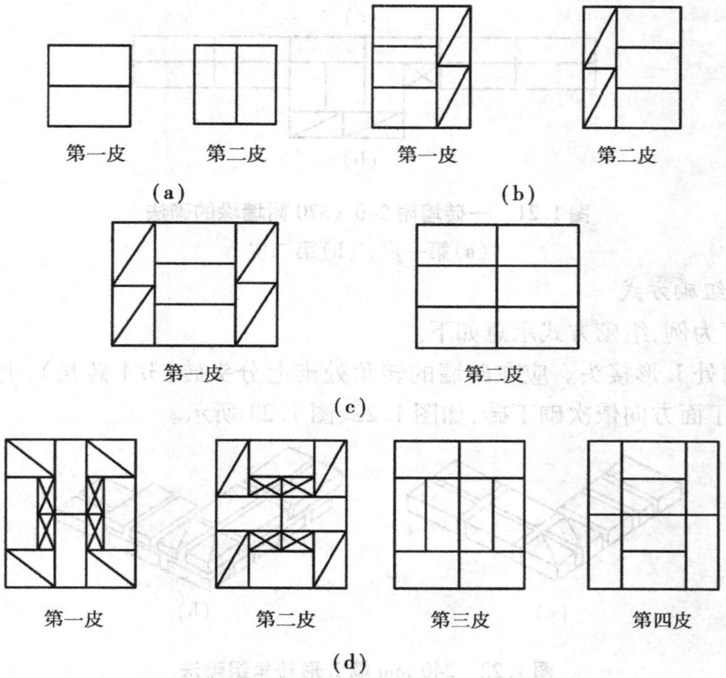

图1.19 矩形砖柱组砌形式

(a)240 mm×240 mm；(b)370 mm×370 mm；(c)370 mm×490 mm；(d)490 mm×490 mm

②附墙垛的砌法。附墙垛的砌法要根据墙厚及垛的大小来确定，无论采用哪种砌法都要求垛与墙体错缝搭接，搭接长度至少为半砖长，如图1.20、图1.21所示。

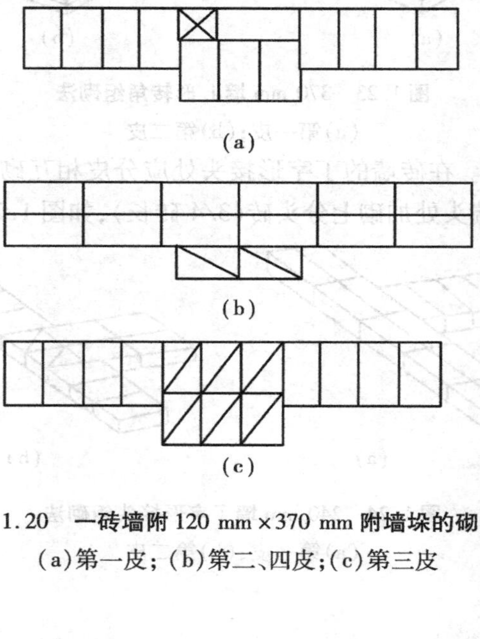

图1.20 一砖墙附120 mm×370 mm附墙垛的砌法

(a)第一皮；(b)第二、四皮；(c)第三皮

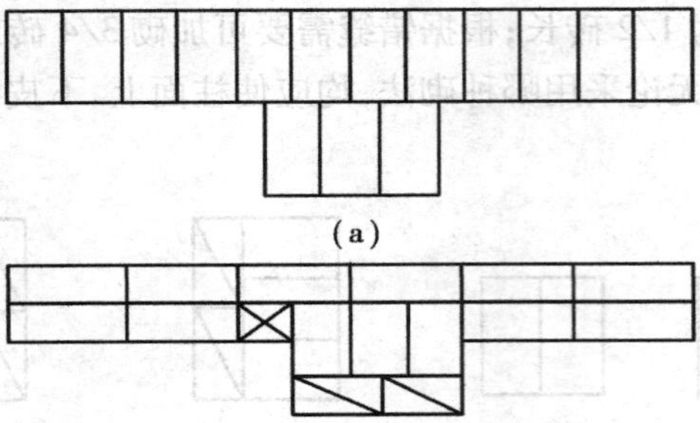

(a)

(b)

图 1.21　一砖墙附 240×370 附墙垛的砌法

(a)第一皮；(b)第二皮

(3)砖墙的组砌方式

以一顺一丁为例，组砌方式示意如下。

①砖墙转角处 L 形接头。应在砖墙的转角处砌七分头砖(3/4 砖长)，七分头的顺面方向依次砌顺砖，丁面方向依次砌丁砖，如图 1.22、图 1.23 所示。

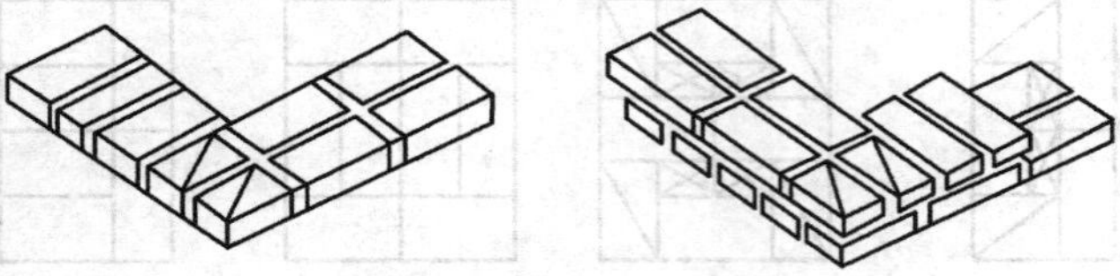

(a)　(b)

图 1.22　240 mm 墙 L 形转角组砌法

(a)第一皮；(b)第二皮

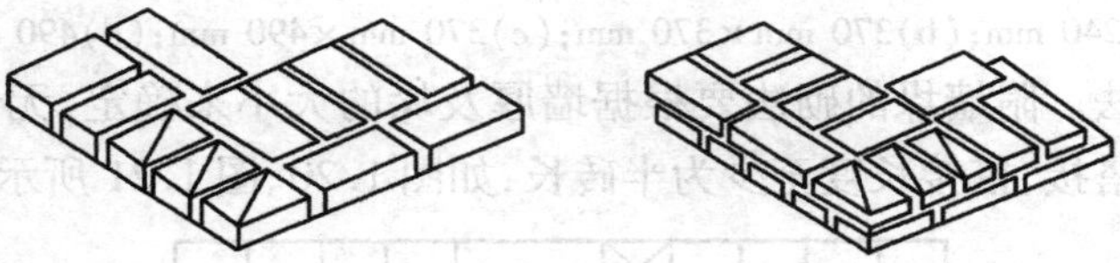

(a)　(b)

图 1.23　370 mm 墙 L 形转角组砌法

(a)第一皮；(b)第二皮

②砖墙的丁字形接头。在砖墙的丁字形接头处应分皮相互砌通，内角相交处竖缝相互错开 1/4 砖长，并在横墙端头处加砌七分头砖(3/4 砖长)，如图 1.24、图 1.25 所示。

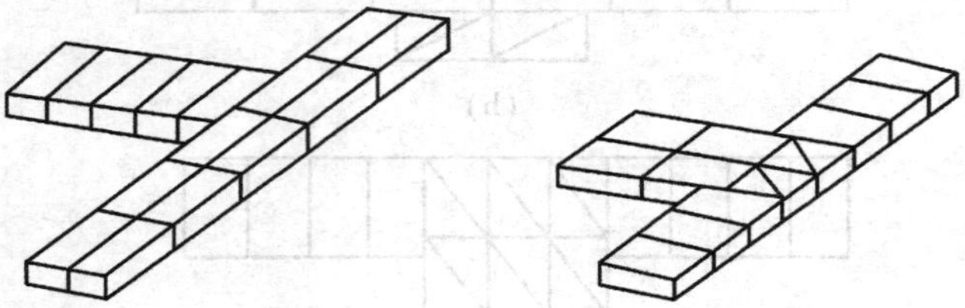

(a)　(b)

图 1.24　240 mm 墙丁字形接头组砌法

(a)第一皮；(b)第二皮

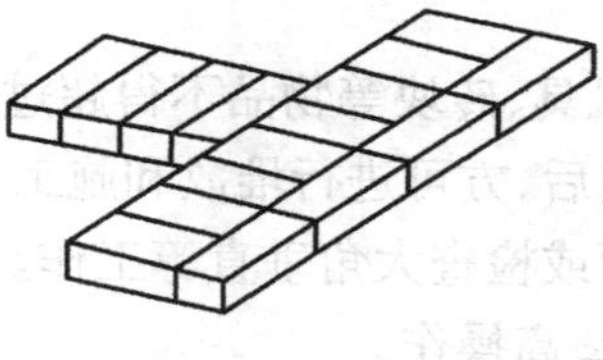

(a) (b)

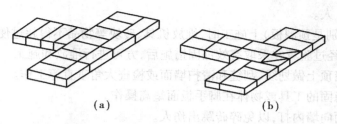

图 1.25 370 mm 墙丁字形接头组砌法

(a)第一皮;(b)第二皮

③砖墙的十字形接头。在砖墙的十字形接头处应分皮相互砌通,交角处的竖缝相互错开 1/4 砖长,如图 1.26、图 1.27 所示。

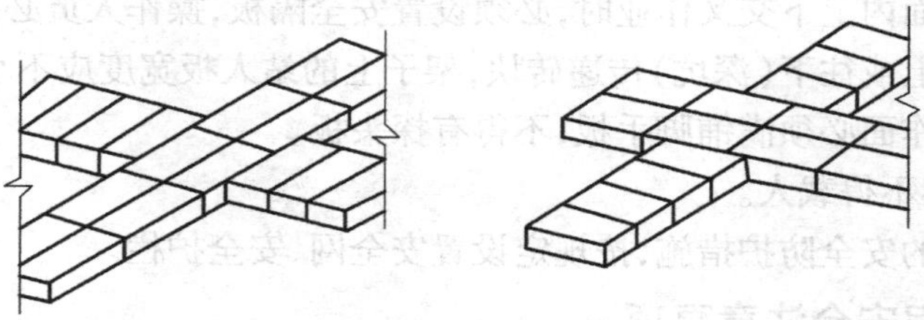

(a) (b)

图 1.26 240 mm 墙十字形接头组砌法

(a)第一皮;(b)第二皮

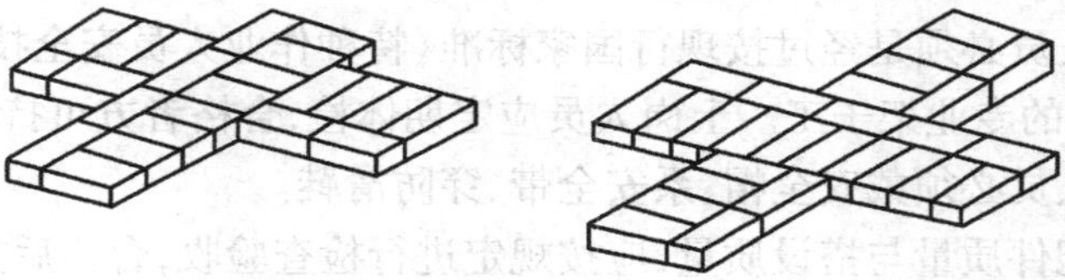

(a) (b)

图 1.27 370 mm 墙十字形接头组砌法

(a)第一皮;(b)第二皮

子项 1.3 质量检测

1.3.1 施工安全技术

1)砌筑工程安全技术

①在操作之前必须检查操作环境是否符合安全要求、道路是否畅通、机具是否完好牢固、安全设施和防护用品是否齐全等,经检查符合要求后才可施工。

②砌基础时,应检查和经常注意基坑土质变化情况、有无崩裂现象,堆放砖块材料应离开坑边 1m 以上,操作人员应设梯子上下基坑。

③墙身砌体高度超过地坪 1.2 m 时,应搭设脚手架。

④脚手架堆料量不得超过规定荷载,堆砖高度不得超过 3 皮侧砖,同一块操作板上的操

作人员不得超过 2 人。

⑤在楼层(特别是预制板)上施工时,堆放机具、砖块等物品不得超过使用荷载。如超过使用荷载时,必须经过验算并采取有效加固措施后,方可进行堆放和施工。

⑥不准站在墙顶上做划线、刮缝和清扫墙面或检查大角垂直等工作。

⑦不准用不稳固的工具或物体在脚手板面垫高操作。

⑧砍砖时应面向墙内打,以免碎砖跳出伤人。

⑨用于垂直运输的吊笼、绳索具等,必须满足负荷要求,牢固无损,并须经常检查。

⑩砖料运输车辆两车前后距离平道上不小于 2 m,坡道上不小于 10 m。装砖时要先取高处后取低处,防止倒塌伤人。

⑪砌好的山墙,应临时设连系杆(如檩条等)放置各跨山墙上,使其连系稳定。

⑫在同一垂直面内上下交叉作业时,必须设置安全隔板,操作人员必须戴好安全帽。

⑬人工垂直向上或往下(深坑)传递砖块,架子上的站人板宽度应不小于 60 cm。

⑭脚手架的操作面必须满铺脚手板,不得有探头板。

⑮井架、龙门架不得载人。

⑯必须有完善的安全防护措施,按规定设置安全网、安全护栏。

2)脚手架工程安全注意事项

脚手架工程在施工中常发生的事故类型有:整架失稳造成整体坍塌;整架倾倒或局部垮架;人员从脚手架上高处坠落;不当的操作事故等。脚手架在搭设、使用和拆除过程中,必须严格按照规范、设计要求的有关规定进行。

①脚手架搭设人员必须是经过按现行国家标准《特种作业人员安全技术考核管理规定》(GB 5036)考核合格的专业架子工。上岗人员应定期体检,合格者方可持证上岗。

②搭设脚手架人员必须戴安全帽、系安全带、穿防滑鞋。

③脚手架的构配件质量与搭设质量,应按规定进行检查验收,合格后方准使用。

④作业层上的施工荷载应符合设计要求,不得超载。不得将楼板支架、缆风绳、泵送混凝土和砂浆的输送管等固定在脚手架上;严禁悬挂起重设备。

⑤当有六级及六级以上大风和雾、雨、雪天气时,应停止脚手架搭设与拆除作业。雨、雪后上架作业应有防滑措施,并应扫除积雪。

⑥脚手架的安全检查与维护应按规定进行。使用脚手架时,必须沿外墙设置安全网,以防材料下落伤人和高空操作人员坠落。安全网要随楼层施工进度逐层上升。

⑦在脚手架使用期间,严禁拆除下列杆件:主节点处的纵、横向水平杆,纵、横向扫地杆;连墙件。

⑧不得在脚手架基础及其邻近处进行挖掘作业,否则应采取安全措施,并报主管部门批准。

⑨临街搭设脚手架时,外侧应有防止坠物伤人的防护措施。

⑩在脚手架上进行电、气焊作业时,必须有防火措施和专人看守。

⑪工地临时用电线路的架设及脚手架接地、避雷措施等,应按现行行业标准《施工现场临时用电安全技术规范》(JGJ 46)的有关规定执行。

⑫搭拆脚手架时,地面应设围栏和警戒标志,并派专人看守,严禁非操作人员入内。

1.3.2 环保要求及措施

①施工现场应符合现行国家标准《建筑施工现场环境与卫生标准》。

②施工现场必须采用封闭围档，高度不得小于1.8 m。

③在工程的施工组织设计中，应有防止大气、水土、噪声污染和改善环境卫生的有效措施。

④水泥和其他易飞扬的细颗粒建筑材料应密闭存放或采取覆盖等措施。

⑤施工现场应设置密闭式垃圾站，施工垃圾、生活垃圾应分类存放，并应及时清运出场。

⑥建筑物内施工垃圾的清运，必须采用相应容器或管道运输，严禁凌空抛掷。

⑦施工现场严禁焚烧各类废弃物。

⑧施工现场应设置排水沟及沉淀池，施工污水经沉淀后方可排入市政污水管网或河流。

⑨施工现场应按照现行国家标准《建筑施工现场噪声限制及其测量方法》制定降噪措施。

⑩施工现场的强噪声设备宜设置在远离居民区的一侧，并应采取降低噪声的措施。

⑪对因生产工艺要求或其他特殊要求，确需在夜间进行超过噪声标准施工的，施工前建设单位应向有关部门提出申请，经批准后方可进行夜间施工。

⑫现场使用照明灯具宜用定向可拆除灯罩型，使用时应防止光污染。

1.3.3 质量标准与常见质量问题

1)砖砌体质量标准

砌体工程检验批合格均应符合下列规定：

①主控项目的质量经抽样检验全部符合要求。

②一般项目的质量经抽样检验应有80%及以上符合要求，有允许偏差的项目，最大超差值为允许偏差值的1.5倍。

③具有完整的施工操作依据、质量检查记录。

(1)主控项目

①砖和砂浆的强度等级必须符合设计要求。

抽检数量：每一生产厂家的砖到现场后，按烧结普通砖、混凝土空心砖15万块，烧结多孔砖、混凝土多孔砖、蒸压灰砂砖及蒸压粉煤灰砖每10万块各为一验收批，抽检数量为1组。砂浆强度应以标准养护，龄期为28 d的试块抗压试验结果为准。每一检验批且不超过250 m^3砌体的各种类型及强度等级的砌筑砂浆，每台搅拌机应至少抽检一次。

检验方法：查砖和砂浆试块试验报告。

砌筑砂浆试块强度验收时，其强度合格标准应符合下列规定：同一验收批砂浆试块强度平均值应大于或等于设计强度等级值的1.10倍；同一验收批砂浆试块抗压强度的最小一组平均值应大于或等于设计强度等级值的85%。

②砌体灰缝砂浆应密实饱满，砖墙水平灰缝的砂浆饱满度不得低于80%，砖柱水平灰缝和竖向灰缝的砂浆饱满度不得低于90%。

抽检数量：每检验批抽查不应少于5处。

检验方法:用百格网检查砖底面与砂浆的粘结痕迹面积。每处检测 3 块砖,取其平均值。

③砖砌体的转角处和交接处应同时砌筑,严禁无可靠措施的内外墙分砌施工。在抗震设防烈度为 8 度及 8 度以上地区,对不能同时砌筑而又必须留置的临时间断处应砌成斜槎,普通砖砌体斜槎水平投影长度不小于高度的 2/3,多孔砖砌体的斜槎长高比不应小于 1/2。斜槎高度不得超过一步脚手架的高度。

抽检数量:每检验批抽查不应少于 5 处。

检验方法:观察检查。

④非抗震设防及抗震设防烈度为 6 度、7 度地区的临时间断处,当不能留斜槎时,除转角处外,可留直槎,但直槎必须做成凸槎。留直槎处应加设拉结钢筋,拉结钢筋的数量为每 120 mm 墙厚放置 1 φ6 拉结钢筋(120 mm 厚墙放置 2 φ6 拉结钢筋),间距沿墙高不应超过 500 mm;埋入长度从留槎处算起每边均不应小于 500 mm,对抗震设防烈度 6 度、7 度的地区,不应小于 1 000 mm;末端应有 90°弯钩。

抽检数量:每检验批抽查不应少于 5 处。

检验方法:观察和尺量检查。

合格标准:留槎正确,拉结钢筋设置数量、直径正确,竖向间距偏差不超过 100 mm,留置长度基本符合规定。

(2)一般项目

①砖砌体组砌方法应正确,上下错缝,内外搭砌,砖柱不得采用包心砌法。

抽检数量:每检验批抽查不应少于 5 处。

检验方法:观察检查。

合格标准:除符合本条要求外,清水墙、窗间墙无通缝;混水墙中不得有长度大于 300 mm 的通缝,长度 200 ~ 300 mm 的通缝每间不超过 3 处,且不得位于同一面墙体上。

②砖砌的灰缝应横平竖直、厚薄均匀。水平灰缝厚度及竖向灰缝宽度宜为 10 mm,但不应小于 8 mm,也不应大于 12 mm。

抽检数量:每检验批抽查不应少于 5 处。

检验方法:水平灰缝厚度用尺量 10 皮砖砌高度折算,竖向灰缝宽度用尺量 2 m 砌体长度折算。

③砖砌体尺寸、位置的允许偏差及检验应符合表 1.1 的规定。

表 1.1 砖砌体尺寸、位置的允许偏差及检验

<table>
<tr><th>项次</th><th colspan="3">项 目</th><th>允许偏差/mm</th><th>检验方法</th><th>抽检数量</th></tr>
<tr><td>1</td><td colspan="3">轴线位移</td><td>10</td><td>用经纬仪和尺或用其他测量仪器检查</td><td>承重墙、柱全数检查</td></tr>
<tr><td>2</td><td colspan="3">基础、墙、柱顶面标高</td><td>±15</td><td>用水准仪和尺检查</td><td>不应少于 5 处</td></tr>
<tr><td rowspan="3">3</td><td rowspan="3">墙面垂直度</td><td colspan="2">每层</td><td>5</td><td>用 2 m 托线板检查</td><td>不应少于 5 处</td></tr>
<tr><td rowspan="2">全高</td><td>≤10 m</td><td>10</td><td rowspan="2">用经纬仪、吊线和尺或其他测量仪器检查</td><td rowspan="2">外墙全部阳角</td></tr>
<tr><td>>10 m</td><td>20</td></tr>
</table>

续表

项次	项目		允许偏差/mm	检验方法	抽检数量
4	表面平整度	清水墙、柱	5	用2 m靠尺和楔形塞尺检查	不应少于5处
		混水墙、柱	8		
5	水平灰缝平直度	清水墙	7	拉5 m线和尺检查	不应少于5处
		混水墙	10		
6	门窗洞口高、宽（后塞口）		±10	用尺检查	不应少于5处
7	外墙下下窗口偏移		20	以底层窗口为准，用经纬仪或吊线检查	不应少于5处
8	清水墙游丁走缝		20	以每层第一皮砖为准，用吊线和尺检查	不应少于5处

2）影响砖砌体工程质量的因素与防治措施

（1）砂浆强度不稳定

现象：砂浆强度低于设计强度标准值，有时砂浆强度波动较大，匀质性差。

主要原因：材料计量不准确；砂浆中塑化材料或微沫剂掺量过多；砂浆搅拌不均匀；砂浆使用时间超过规定；水泥分布不均匀等。

预防措施：

①建立材料的计量制度和计量工具校验、维修、保管制度；减少计量误差，对塑化材料（石灰膏等）宜调成标准稠度（120 mm）进行称量，再折算成标准容积。

②砂浆尽量采用机械搅拌，分两次投料（先加入部分砂子、水和全部塑化材料，拌匀后再投入其余砂子和全部水泥进行搅拌），保证搅拌均匀。

③砂浆应按需要搅拌，宜在当班用完。

（2）砖墙墙面游丁走缝

现象：砖墙面上下砖层之间竖缝产生错位，丁砖竖缝歪斜，宽窄不匀，丁不压中；清水墙窗台部位与窗间墙部位的上下竖缝错位、“搬家”。

主要原因：砖的规格不统一，每块砖长、宽尺寸误差大；操作中未掌握好控制砖缝的标准，开始砌墙摆砖时，没有考虑窗口位置对砖竖缝的影响，当砌至窗台处分窗口尺寸时，窗的边线不在竖缝位置上。

预防措施：

①砌墙时用同一规格的砖，如规格不一，则应弄清现场用砖情况，统一摆砖确定组砌方法，调整竖缝宽度；提高操作人员技术水平，强调丁压中，即丁砖的中线与下层条砖的中线重合。

②摆砖时应将窗口位置引出，使窗的竖缝尽量与窗口边线相齐，如果窗口宽度不符合砖的模数，砌砖时要打好七分头，排匀立缝，保持窗间墙处上下竖缝不错位。

(3)清水墙面水平缝不直,墙面凹凸不平

现象:同一条水平缝宽度不一致,个别砖层冒线砌筑;水平缝下垂;墙体中部(两步脚手架交接处)凹凸不平。

主要原因:砖的两个条面大小不等,使灰缝的宽度不一致,个别砖大条面偏大较多,不易将灰缝砂浆压薄,从而出现冒线砌筑;所砌墙体长度超过20 m,挂线不紧产生下垂,灰缝就出现下垂现象;由于第一步架墙体出现垂直偏差,接砌第二步架时进行了调整,两步架交接处出现凹凸不平。

预防措施:

①砌砖应采取小面跟线;挂线长度超过15～20 m时,应加垫线。

②墙面砌至脚手架排木搭设部位时,预留脚手眼,一般在1 m高处开始留,间距1 m左右开始留另一个,并继续砌至高出脚手架板面一层砖;挂立线应由下面一步架墙面引伸,以立线延至下部墙面至少500 mm,挂立线吊直后,拉紧平线,用线锤吊平线和立线,当线锤与平线、立线相重合时,则可认为立线正确无误。

(4)"螺丝"墙

现象:砌完一个层高的墙体时,同一砖层的标高差一皮砖的厚度而不能咬圈。

主要原因:砌筑时没有按皮数杆控制砖的层数;每当砌至基础面和预制混凝土楼板上接砌砖墙时,由于标高偏差大,皮数杆往往不能与砖层吻合,需要在砌筑中用灰缝厚度逐步调整;如果砌同一层砖时,误将负偏差当作正偏差,砌砖时反而压薄灰缝,在砌至层高赶上皮数时,与相邻位置正好差一皮砖。

预防措施:

①砌筑前应先测定所砌部位基面标高误差,通过调整灰缝厚度来调整墙体标高。

②标高误差宜分配在一步架的各层砖缝中,逐层调整。

③操作时挂线两端应相互呼应,并经常检查与皮数杆的砌层号是否相符。

子项1.4 实训任务

1.4.1 实训项目指导

实训项目1 基本功训练及砖墙(一顺一丁)砌筑

(1)实训准备

①材料:砂浆、红砖。

②工具:砖刀、准线、托线板、钢卷尺、灰桶、铁锹。

(2)实训要领

①取砖。当选中某块砖时,取砖方法由手指拿大面改为手指拿条面,如图1.28所示。

②选取砖面。

③取灰。将砖刀插入灰桶内侧(靠近操作者的一边)→转腕将砖刀口边接触灰桶内壁→顺着内壁将砖刀刮起取出所需砂浆(一刀灰的量要满足一皮砖的需要),如图1.29所示。

④铺灰。灰条长度比一块砖稍长1～2 cm,宽度为8～9 cm,厚度为15～20 mm。灰口要

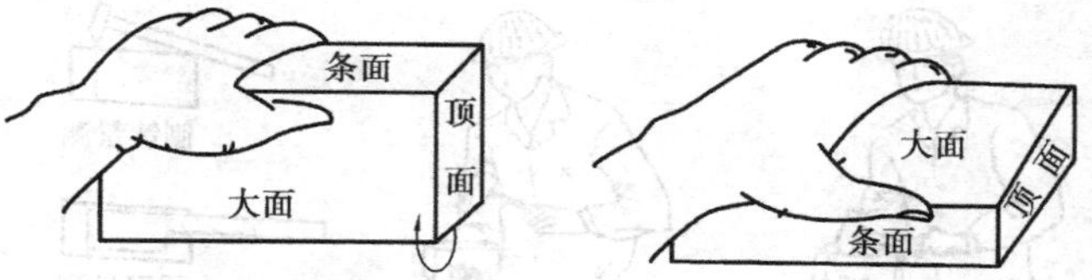

图 1.28　取砖

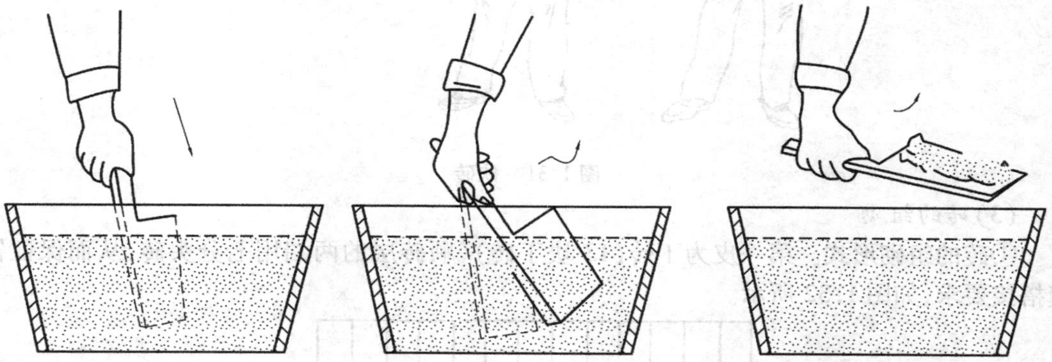

(a)砖刀插入灰桶　　(b)转腕　　(c)砖刀刮起灰浆

图 1.29　取灰

缩进外墙 2 cm。

⑤摆砖(揉挤)。灰铺好后,左手拿砖离已砌好的砖 3 ~4cm 处,砖微斜稍碰灰面,然后向前平挤,把灰浆挤起作为竖缝处的砂浆,再把砖揉一揉,顺手用砖刀把挤出墙面的灰刮起来,甩到竖缝里,如图 1.30 所示。揉砖时,眼要上看线、下看墙面。

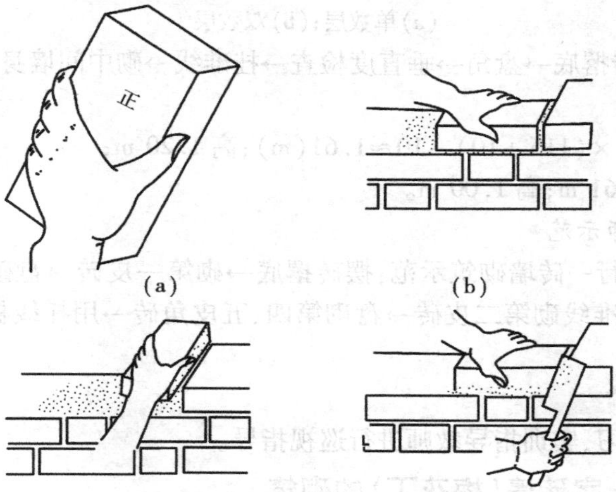

图 1.30　摆砖

(a)拿砖动作;(b)砌走砖;(c)砌丁砖;(d)刮灰

⑥砍砖。砍砖时应一手持砖使条面向上,用手掌托住,在相应长度位置用砖刀轻轻划一下,然后用力砍一二刀即可完成,如图 1.31 所示。

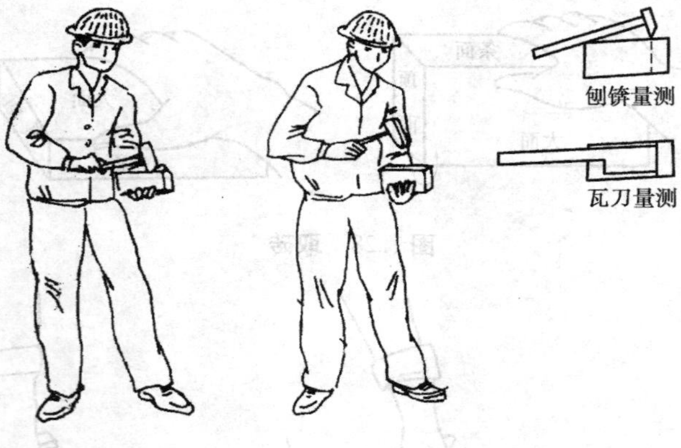

图 1.31　砍砖

(3)砖的组砌

①砖的组砌形式。第一皮为丁砖(13 块丁砖),顺砖层的两端用七分头砖,从而保证错缝搭接要求,如图 1.32 所示。

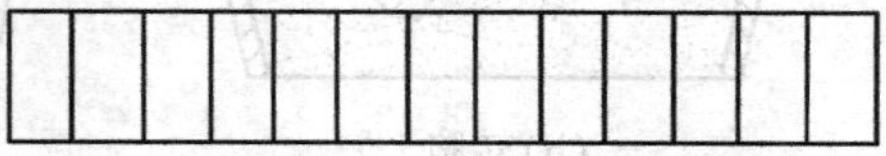

(a)

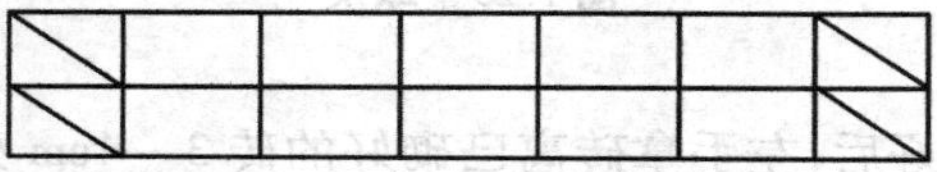

(b)

图 1.32　砖的组砌形式

(a)单数层;(b)双数层

②操作步骤:摆砖撂底→盘角→垂直度检查→挂准线→砌中间墙身。

③砌筑量。

男生:墙长 $L=13\times(115+10)-10\approx1.61$(m);高 1.20 m;

女生:墙长 $L=1.61$ m;高 1.00 m。

(4)实训指导教师示范

实训指导教师进行一砖墙砌筑示范:摆砖撂底→砌第一皮砖→盘砌三皮角砖→用线锤吊挂角的垂直度→挂准线砌第二皮砖→盘砌第四、五皮角砖→用托线板靠角的垂直度→挂准线砌第三、四皮砖。

(5)学生进行操作

学生进行操作练习,实训指导教师进行巡视指导。

实训项目 2　一字砖墙(梅花丁)的砌筑

(1)实训准备

同实训项目 1。

(2)实训要领

①砖的组砌形式:同一层中顺砖与丁砖间隔排列,上皮丁砖坐中于下皮顺砖,上下皮间竖缝相互错开 1/4 砖长,如图 1.33 所示。

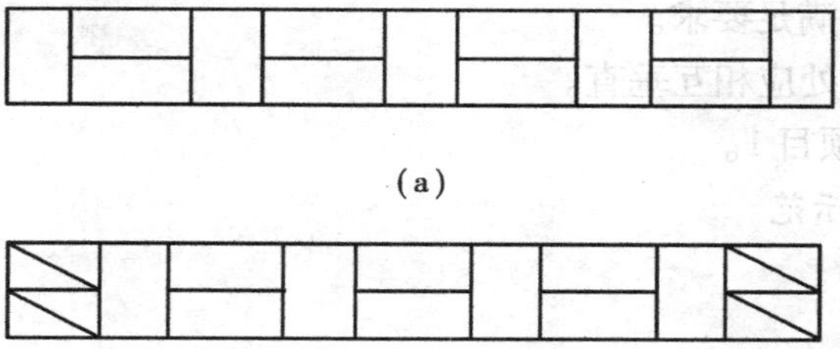

(a)

(b)

图 1.33 梅花丁组砌形式
(a)单数层;(b)双数层

②墙体砌筑操作:在按砌砖墙的砌筑程序进行砌筑的同时,熟练掌握各操作步骤的操作要点。

③砌筑量:同实训项目1。

(3)实训指导教师示范

同实训项目1。

(4)学生进行操作

同实训项目1。

实训项目3 一砖墙附120 mm×370 mm墙垛、两端带砖垛的砌筑

(1)准备

同实训项目1。

(2)要领

①砖的组砌形式:附120 mm×370 mm墙垛的砖的组砌形式如图1.20所示,两端带砖垛的砖的组砌形式如图1.34所示。

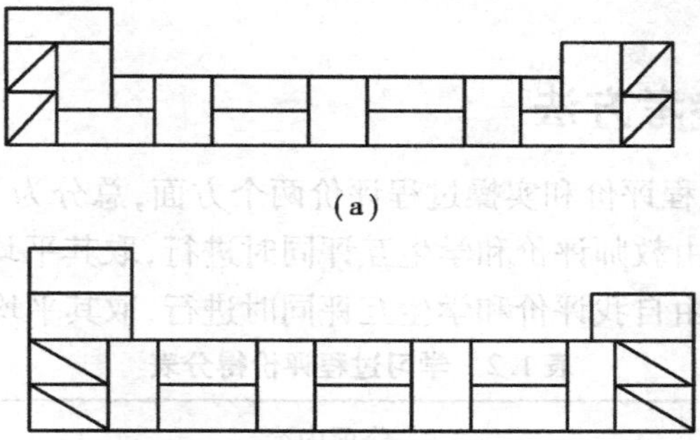

(a)

(b)

图 1.34 两端带砖垛的砖的组砌形式
(a)单数层;(b)双数层

②操作知识:

a.墙面的准线既可挂在附墙垛一边,也可挂在其反面,视具体情况而定。

b.附墙垛是随着墙体的砌筑而砌筑,所以不需盘角。

c.为保证附墙垛的垂直度、平整度,对砖的规格要求更严,且应进行“三皮一吊、五皮一靠”。

d. 附墙垛的尺寸要满足要求。

e. 垛与墙体的交接处应相互垂直。

③砌筑量：同实训项目 1。

(3) 实训指导教师示范

同实训项目 1。

(4) 学生进行操作

同实训项目 1。

实训 4　370 mm×370 mm 清水方柱的砌筑

(1) 准备

同实训项目 1。

(2) 要领

①砖的组砌形式如图 1.19(b) 所示。

②操作知识：

a. 砌筑时应先摆砖撂底。

b. 应选用棱角整齐、颜色均匀、规格一致、边角平直、方正的砖块。

c. 垂直度控制按“三皮一吊、五皮一靠”的原则进行，每砌二至三皮用水平尺抄一下水平，并用钢卷尺量柱的对角线是否相等。

d. 砖柱砌筑时采用挤浆法砌筑为宜。

③砌筑量：同实训项目 1。

(3) 实训指导教师示范

同实训项目 1。

(4) 学生进行操作

同实训项目 1。

1.4.2　成绩评定参考方法

项目评价包括学习过程评价和实操过程评价两个方面，总分为 100 分。其中，学习过程评价占项目总分的 40%，由教师评价和学生互评同时进行，取其平均分，见表 1.2；实操过程评价占项目总分的 60%，由自我评价和学生互评同时进行，取其平均分，见表 1.3 和表 1.4。

表 1.2　学习过程评价得分表

	项　次	分项内容	评分标准	得　分
学习过程评分	1	课堂到课及纪律遵守情况	40	
	2	独立分析问题和解决问题的能力	30	
	3	自我学习能力	30	
	合　计		100	

表 1.3 砌筑实操过程评价得分表一(墙、柱砌筑)

序号	检测项目	允许偏差	评分标准	标准分 100	检测点					得分
					1	2	3	4	5	
1	选　砖		砖应边角整齐(1分)	5						
			无弯曲(1分)							
			无裂纹(1分)							
			颜色均匀(1分)							
			规格一致(1分)							
2	组砌方法		要求上下错缝(3分)	10						
			内外搭接(2分)							
			柱无包心砌法(2分)							
			砌筑方法正确(3分)							
3	墙面垂直度	5 mm	超过5 mm每处扣2分,三处以上超过5 mm或一处超过10 mm本项无分	10						
4	墙角垂直度与方正	5 mm	超过5 mm每处扣2分,三处以上超过5 mm或一处超过10 mm本项无分	10						
5	墙面平整度	5 mm	超过5 mm每处扣2分,三处以上超过5 mm或一处超过10 mm本项无分	10						
6	墙面清洁		表面不清洁本项无分	10						
7	水平灰缝厚度	8~12 mm	超过规范每处扣2分,三处以上本项无分	10						
8	水平灰缝平直度	7 mm	超过7 mm每处扣2分,三处以上超过7 mm或一处超过14 mm本项无分	10						
9	砂浆饱满度	80%	低于80%每处扣2分,三处以上低于80%本项无分	10						
10	工具使用与维护	正确使用与维护	施工前准备,施工中正确使用,完工后正确维护	5						
11	安全文明施工		不遵守安全操作规程,完工场地不清或有事故,则本项无分	5						
12	工　效	规定时间	按规定时间每少完成一皮砖砌筑量扣1分	5						
13	合　计			100						

表 1.4　砌筑实操过程评价得分表二(质量检测)

序号	检测项目	允许偏差	评分标准	标准分 100	检测点 1	检测点 2	检测点 3	检测点 4	检测点 5	得分
1										
2										
3										
4										
5										
6										
7										
8										
9										
10										
11			检查方法正确、使用工具正确,每个检测项目检查5个点(检测项目分数平均)							
12										
13										
14										
15										
16										
17										
总　分										

子项 1.5　知识拓展——墙体细部构造

墙体细部构造包括门窗过梁、窗台、勒脚、散水、明沟、变形缝、圈梁、构造柱和防火墙等。因基本知识在《建筑识图与房屋构造》课程中已涉及,故此处着重介绍其施工要点。门窗过梁、圈梁、构造柱知识详见项目2。

1.5.1 窗台、勒脚、壁柱、门垛

1)窗台

窗台是窗洞口下部设置的防水构造。以窗框为界,位于室外一侧的称为外窗台,位于室内一侧的称为内窗台。外窗台应设置排水构造,应有不透水的面层,并向外形成不小于20%的坡度,以利于排水。外窗台有悬挑窗台和不悬挑窗台两种。

砖墙砌至窗洞口标高时就要分窗口,在砌窗间墙之前一般要砌窗台,窗台有出平砖(出60 mm厚平砖)和出虎头砖(出120 mm高侧砖)两种,如图1.35所示。出平砖的做法是:在砌窗台标高下一皮砖时,两端操作者先砌二或三块挑砖(挑砖面一般低于窗框下冒头40~50 mm,过窗角60 mm,挑出墙面60 mm),砌时应挂通线(通线挂在两头挑出60 mm砖的角砖上)。出虎头砖的做法与此相似,只是虎头砖一般是清水,要注意选砖。

窗台的高度应在抹灰及地面装饰完成后不低于900 mm,因此砌筑时应留出足够的空间满足窗台泄水坡度、装饰层、安装窗框等的需要。

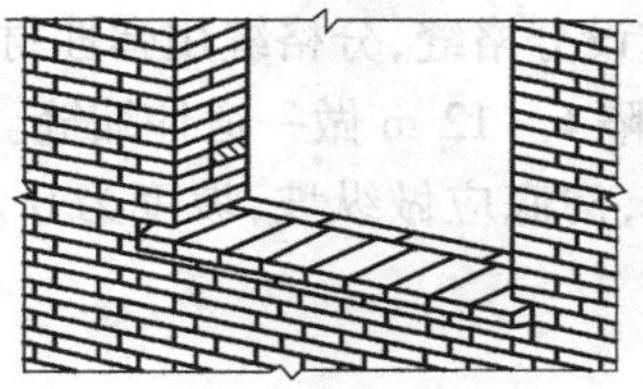

(a)

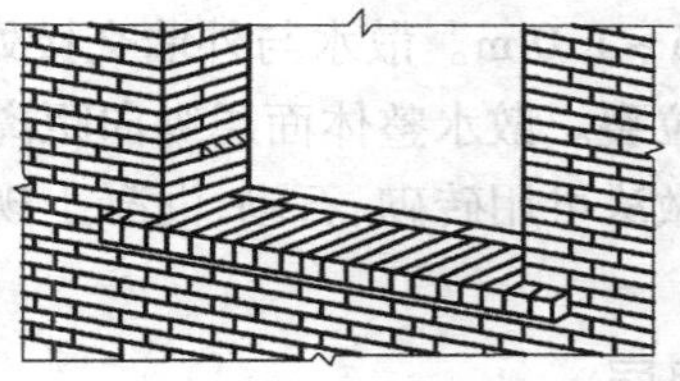

(b)

图1.35 窗台

(a)出平砖窗台;(b)出虎头砖窗台

2)勒脚

勒脚是外墙墙身接近室外地面的部分,为防止雨水上溅墙身和外界碰撞等的影响,所以要求墙脚坚固耐久和防潮。一般采用以下几种构造做法:

①抹灰。可采用20 mm厚1:3水泥砂浆抹面、1:2水泥白石子浆水刷石或斩假石抹面。这种做法的造价经济、施工简单,故应用较广。

②贴面。可采用天然石材或人工石材,如花岗石、水磨石板等。其耐久性、装饰效果好,用于高标准建筑。

③勒脚采用石材,如条石等。

3)壁柱

当墙体的窗间墙上出现集中荷载,而墙厚又不足以承担其荷载,或当墙体的长度和高度超过一定限度并影响到墙体稳定性时,常在墙身局部适当位置增设凸出墙面的壁柱以提高墙体刚度。壁柱突出墙面的尺寸一般为120 mm×370 mm、240 mm×370 mm、240 mm×490 mm或根据结构计算确定,如图1.36所示。

4)门垛

当在较薄的墙体上开设门洞时,为便于门框的安置和保证墙体的稳定,须在门靠墙转角

处或丁字接头墙体的一边设置门垛，门垛凸出墙面不少于 120 mm，宽度同墙厚，如图 1.36 所示。

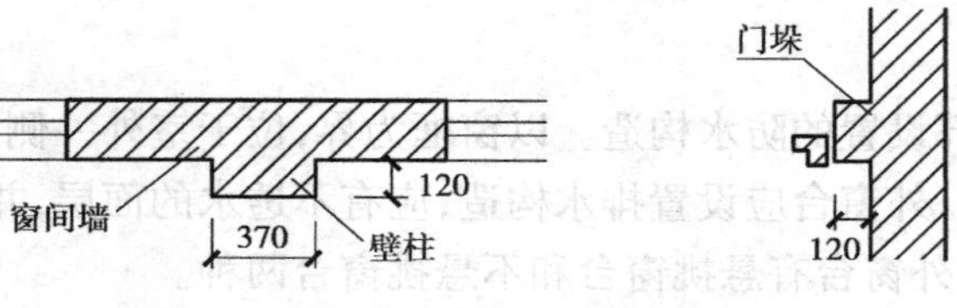

图 1.36　壁柱和门垛

1.5.2　散水、明沟与墙身防潮层

1）散水与明沟

房屋四周可采取散水或明沟排除雨水。当屋面为有组织排水时，一般设明沟或暗沟，也可设散水；屋面为无组织排水时，一般设散水，但应加滴水砖（石）带。散水的做法通常是在素土夯实上铺三合土、混凝土等材料，厚度 60 ~ 70 mm。散水应设不小于 3% 的排水坡。散水宽度一般为 0.6 ~ 1.0 m。散水与外墙交接处应设分格缝，分格缝用弹性材料嵌缝，防止外墙下沉时将散水拉裂。散水整体面层纵向距离每隔 6 ~ 12 m 做一道伸缩缝。

明沟的构造做法可用砖砌、石砌、混凝土现浇，沟底应做纵坡，坡度为 0.5% ~1%，宽度为 220 ~ 350 mm。

2）墙身防潮层

（1）防潮层的位置

防潮层的位置如图 1.37 所示。

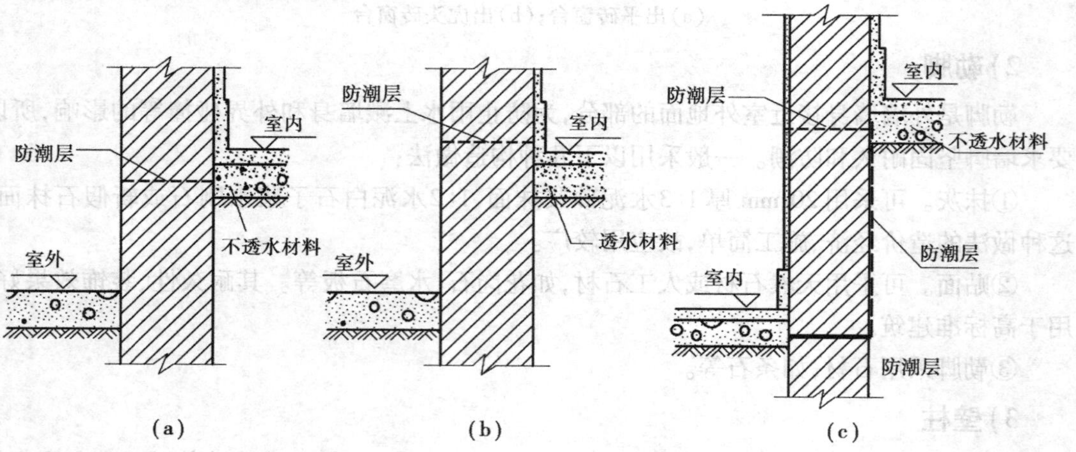

图 1.37　墙身防潮层的位置

（2）墙身水平防潮层的构造做法

墙身水平防潮层的构造做法常用的有以下 3 种：

①防水砂浆防潮层。采用 1:2水泥砂浆加水泥用量 3% ~5% 防水剂，厚度为 20 ~ 25 mm 或用防水砂浆砌三皮砖作防潮层。此种做法构造简单，但砂浆开裂或不饱满时影响防潮效果。

②细石混凝土防潮层。采用 60 mm 厚的细石混凝土带，内配 3 根Φ6 钢筋，其防潮性能好。

③油毡防潮层。先抹 20 mm 厚水泥砂浆找平层，上铺一毡两油，此种做法防水效果好，但有油毡隔离，削弱了砖墙的整体性，不应在刚度要求高或地震区采用。

如果墙脚采用不透水的材料（如条石或混凝土等），或设有钢筋混凝土地圈梁时，可以不设防潮层。

1.5.3 变形缝

变形缝有伸缩缝、沉降缝、防震缝 3 种。当砌筑变形缝两侧的砖墙时，要找好垂直，缝的大小上下一致，不能中间接触或有支撑物。砌筑时要特别注意，不能把砂浆、碎砖、钢筋头等掉入变形缝内，以免影响建筑物的自由伸缩、沉降和晃动。

变形缝口部的处理必须按设计要求，不能随便更改，缝口的处理要满足此缝的功能上的要求。如伸缩缝一般用麻丝沥青填缝，而沉降缝则不允许填缝。参考做法如图 1.38 所示。

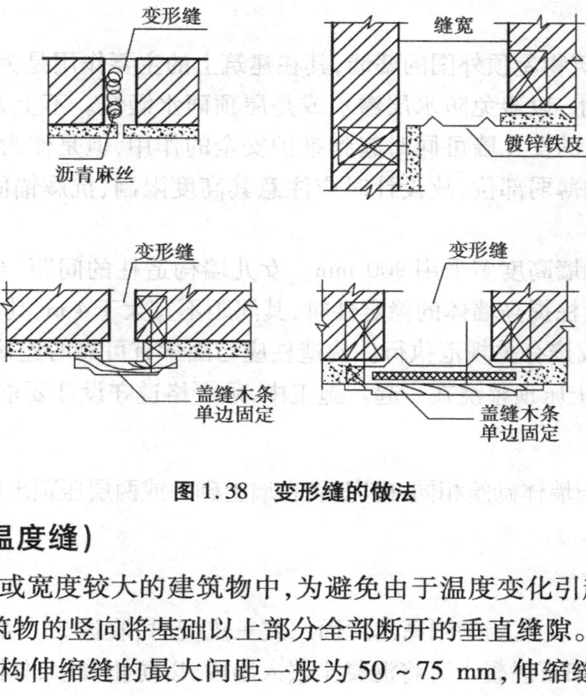

图 1.38 变形缝的做法

1）伸缩缝（或温度缝）

伸缩缝是在长度或宽度较大的建筑物中，为避免由于温度变化引起材料的热胀冷缩导致构件开裂，而沿建筑物的竖向将基础以上部分全部断开的垂直缝隙。有关规范规定，砌体结构和钢筋混凝土结构伸缩缝的最大间距一般为 50 ~ 75 mm，伸缩缝的宽度一般为 20 ~ 40 mm。

2）沉降缝

为减少地基不均匀沉降对建筑物造成危害，在建筑物某些部位设置从基础到屋面全部断开的垂直缝，称为沉降缝。

①沉降缝一般在下列部位设置：当同一建筑物建造在承载力相差很大的地基上时；建筑物高度或荷载相差很大，或结构形式不同处；新建、扩建的建筑物与原有建筑物紧相毗连时。

②沉降缝的缝宽。沉降缝的缝宽与地基情况和建筑物高度有关，其沉降缝宽度一般为 30 ~ 70 mm，在软弱地基上其缝宽应适当增加。

3)防震缝

防震缝是为了防止建筑物的各部分在地震时相互撞击造成变形和破坏而设置的垂直缝。防震缝应将建筑物分成若干体型简单、结构刚度均匀的独立单元。

(1)防震缝的位置

①建筑平面体型复杂,有较长的突出部分,应用防震缝将其分成简单规整的独立单元。

②建筑物(砌体结构)立面高差超过6 m,在高差变化处须设防震缝。

③建筑物毗连部分结构的刚度、质量相差悬殊处。

④建筑物有错层且楼板高差较大时,须在高度变化处设防震缝。

⑤防震缝应与伸缩缝、沉降缝协调布置。

(2)防震缝的缝宽

防震缝的缝宽与结构形式、设防烈度、建筑物高度有关。在砖混结构中,缝宽一般为50~100 mm。

1.5.4 女儿墙

女儿墙指的是建筑物屋顶外围的矮墙,其在建筑上的主要作用是为了做好防水收头,也就是常说的女儿墙泛水,以避免防水层渗水或是屋顶雨水漫流。不上人的女儿墙还可起到立面装饰的作用,上人的女儿墙可同时起到维护安全的作用,但是作为围护墙体,它属于非结构构件,是地震中的薄弱部位,故设计时应注意其高度限制、抗震锚固措施以及女儿墙内构造短柱的设置。

砖混结构中,女儿墙高度多采用900 mm。女儿墙构造柱的间距,当按组合墙考虑构造柱受力时,或考虑构造柱提高墙体的稳定性时,其间距不宜大于4 m,其他情况不宜大于墙高的1.5~2倍及6 m,或按有关规范执行。构造柱应与圈梁有可靠的连接,上端常伸至女儿墙顶并与现浇钢筋混凝土压顶整浇在一起。施工中,须严格遵守设计要求。

1)砌筑方法

女儿墙砌筑方法与墙体砌筑相同,砌完后,在墙上砌一或两层压顶出檐砖,其上抹1:2.5~1:3的水泥砂浆作压顶。

2)防水构造

①刚性防水屋面。女儿墙砌到高出屋面二或三皮砖时,收进30~40 mm(1皮砖厚且四周贯通),便于做屋面细石混凝土时将混凝土嵌入墙内,以防止渗水,如图1.39(a)所示。

②油毡防水屋面。女儿墙砌到距顶层屋面板250~300 mm处,收进30~40 mm(1皮砖厚且四周贯通),且在其上面砌一皮向内墙面外挑出60 mm的砖,形成一条贯通四周的出线。做屋面防水时,可把油毡贴到凹口里面,然后在抹出线时,把砂浆抹到油毡上口将油毡压住,以防渗水,如图1.39(b)所示。

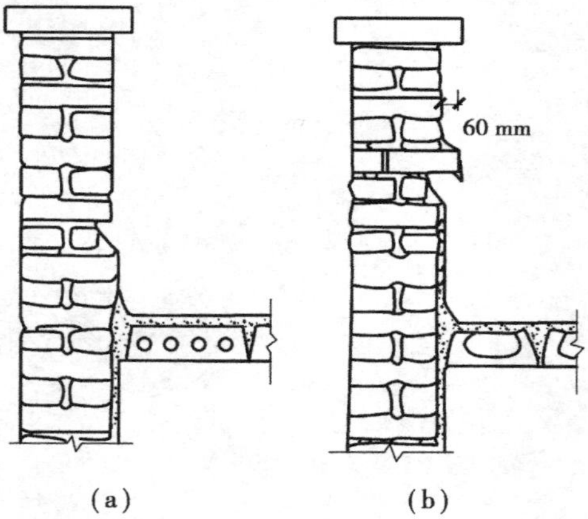

图 1.39 女儿墙做法

(a)刚性防水屋面;(b)油毡防水屋面

项目小结

本项目包含知识准备、施工指导、质量检测、实训任务及知识拓展——墙体细部构造5个子项目,旨在培养学生制订施工方案能力、指导现场施工能力、质量检测和处理问题能力。具体介绍了砖砌体结构所用材料、常用的施工机具与机械、砌筑用脚手架等基本知识;重点学习了砖砌体工程的施工过程,即施工准备、施工工艺、测量任务、安全管理、环保要求、施工验收与检测,使学生具有合理地组织工人进行墙体砌筑的能力,能够对工程质量进行过程控制和检测。安排的实训任务是基本功练习,主要是一字砖墙、附墙垛、两端带墙垛墙体及独立砖柱的砌筑。在学习和实操过程中,培养其吃苦耐劳、团结合作的精神及安全责任的意识。最后在墙体细部构造中介绍了窗台、勒脚、散水、明沟、墙身防潮层、变形缝、女儿墙等墙体细部构造的做法。

复习思考题

1. 砂浆有哪些种类？简述各类砂浆的特点和使用范围。
2. 脚手架的基本要求有哪些？
3. 砖砌体墙上,在哪些部位不得留脚手眼？
4. 砌筑中怎样进行标高控制？
5. 简述砖墙的施工工艺。
6. 怎样防止砖砌体出现组砌混乱？
7. 砖上墙前为什么要浇水湿润？
8. 怎样避免出现砖墙墙面游丁走缝？
9. 沉降缝一般在什么部位设置？

项目 2

圈梁与构造柱施工

项目导读

- **基本要求**　掌握圈梁、构造柱的作用；熟悉圈梁、构造柱的设置原则和构造要求；掌握圈梁、构造柱的施工工艺，并能进行质量检验；具有进行圈梁、构造柱施工的能力。
- **重点**　圈梁、构造柱的设置原则和构造要求，圈梁、构造柱的施工工艺。
- **难点**　圈梁、构造柱的质量验收标准。

子项 2.1　知识准备

2.1.1　项目介绍

圈梁、构造柱是砌体结构中重要的抗震措施，圈梁配合楼板和构造柱，能增加房屋的整体刚度和稳定性，减少地基不均匀沉降对房屋的破坏，抵抗地震力的影响。通过学习本项目，可以了解圈梁与构造柱的施工工艺及质量控制要求。在学习完基本知识后，结合所给构造柱的配筋图，在实训场地内完成构造柱钢筋绑扎及马牙槎墙体砌筑和质量检测。

2.1.2　教学目标

知识目标：掌握圈梁、构造柱的作用，熟悉圈梁、构造柱的构造要求及施工工艺。

能力目标：具有进行圈梁、构造柱施工的能力。

素质目标：培养吃苦耐劳、团结合作的精神及安全责任意识。

2.1.3 圈梁、构造柱的作用

1)圈梁的作用

圈梁是在房屋的墙体内沿水平方向设置的钢筋混凝土梁。位于 ±0.000 以下基础顶面处设置的圈梁又称为地圈梁。

在砌体结构房屋中,设置圈梁可以增强房屋的整体性和空间刚度,减少因基础不均匀沉降或较大振动荷载对建筑物的不利影响及其所引起的墙身开裂。在抗震设防地区,利用圈梁加固墙身就显得更加必要。

2)构造柱的作用

多层砌体房屋在墙体的规定部位按构造配筋,并按先砌墙后浇灌混凝土柱的施工顺序制成的混凝土柱,称为构造柱。

构造柱的作用是提高多层建筑砌体结构的抗震性能,并与圈梁连接,共同增强建筑物的稳定性。

2.1.4 圈梁、构造柱的设置原则

1)圈梁的设置原则

一般情况下,砌体结构房屋按照下列规定在砌体墙中设置圈梁:

①厂房、仓库、食堂等空旷的单层房屋应按下列规定设置圈梁:

a. 对砖砌体房屋,檐口标高为 5 ~ 8 m 时,应在檐口标高处设置圈梁一道;檐口标高大于 8 m 时,应增加设置数量。

b. 对砌块及料石砌体房屋,檐口标高为 4 ~ 5 m 时,应在檐口标高处设置圈梁一道;檐口标高大于 5 m 时,应增加设置数量。

c. 对有吊车或较大振动设备的单层工业房屋,当未采取有效的隔振措施时,除在檐口或窗顶标高处设置现浇钢筋混凝土圈梁外,尚应增加设置数量。

②住宅、办公楼等多层砌体结构民用房屋,且层数为 3 ~ 4 层时,应在底层和檐口标高处各设置一道圈梁;当层数超过 4 层时,除应在底层和檐口标高处各设置一道圈梁外,至少应在所有纵、横墙上隔层设置圈梁。

③多层砌体工业房屋,应每层设置现浇钢筋混凝土圈梁。

④设置墙梁的多层砌体房屋,应在托梁、墙梁顶面和檐口标高处设置现浇钢筋混凝土圈梁。

⑤采用现浇钢筋混凝土楼(屋)盖的多层砌体结构房屋,当层数超过 5 层时,除在檐口标高处设置一道圈梁外,可隔层设置圈梁,并应与楼(屋)面板一起现浇。未设置圈梁的楼面板嵌入墙内的长度不应小于 120 mm,并沿墙长配置不少于 2 根直径为 10 mm 的纵向钢筋。

⑥建筑在软弱地基或不均匀地基上的砌体房屋,除按上述规定设置圈梁外,尚应符合现行国家标准《建筑地基基础设计规范》(GB 50007—2011)的有关规定。

2)构造柱的设置原则

构造柱的主要功能是在竖向起约束墙体的作用。当墙体受地震作用开裂后,构造柱的

作用明显发挥,因此,构造柱应设置在墙体的两端或墙体的交接部位。在交接部位设置构造柱,可以用一根构造柱作为两个方向墙体的约束构件,更有利于构造柱的作用的发挥。

各类多层砖砌体房屋,应按下列要求设置构造柱:

①构造柱设置部位,一般情况下应符合表2.1的要求。

②外廊式和单面走廊式的多层房屋,应根据房屋增加一层后的层数,按表2.1的要求设置构造柱,且单面走廊两侧的纵墙均应按外墙处理。

③横墙较少的房屋,应根据房屋增加一层后的层数,按表2.1的要求设置构造柱。当横墙较少的房屋为外廊式或单面走廊式时,应按第②条的要求设置构造柱;但6度不超过4层、7度不超过3层和8度不超过2层时,应按增加2层的层数对待。

④各层横墙很少的房屋,应按增加2层的层数对待。

⑤采用蒸压灰砂砖和蒸压粉煤灰砖的砌体房屋,当砌体抗剪强度仅达到普通黏土砖砌体的70%时,应根据增加一层的层数按①~④条要求设置构造柱;但6度不超过4层、7度不超过3层和8度不超过2层时,应按增加2层的层数对待。

表2.1　多层砖砌体房屋构造柱的设置要求

<table>
<tr><th colspan="4">房屋层数</th><th colspan="2" rowspan="2">设置部位</th></tr>
<tr><th>6度</th><th>7度</th><th>8度</th><th>9度</th></tr>
<tr><td>4,5</td><td>3,4</td><td>2,3</td><td></td><td rowspan="3">楼、电梯间四角,楼梯斜梯段上下端对应的墙体处;
外墙四角和对应转角处;
错层部位横墙与外纵墙交接处;
大房间内外墙交接处;
较大洞口两侧</td><td>隔12 m或单元横墙与外纵墙交接处;
楼梯间对应的另一侧内横墙与外纵墙交接处</td></tr>
<tr><td>6</td><td>5</td><td>4</td><td>2</td><td>隔开间横墙(轴线)与外墙交接处;
山墙与内纵墙交接处</td></tr>
<tr><td>7</td><td>≥6</td><td>≥5</td><td>≥3</td><td>内墙(轴线)与外墙交接处;
内墙的局部较小墙垛处;
内纵墙与横墙(轴线)交接处</td></tr>
</table>

2.1.5　圈梁、构造柱的构造要求

1)圈梁的构造要求

①圈梁宜连续地设在同一水平面上,并形成封闭状;当圈梁被门窗洞口截断时,应在洞口上部增设相同截面的附加圈梁。附加圈梁与圈梁的搭接长度不应小于其中到中垂直间距的2倍,且不得小于1 m,如图2.1所示。

②纵、横墙交接处的圈梁应有可靠的连接,其斜向加强筋构造如图2.2所示。刚弹性和弹性方案房屋,圈梁应与屋架、大梁等构件可靠连接。

③钢筋混凝土圈梁的宽度宜与墙厚相同,当墙厚不小于240 mm时,其宽度不宜小于墙厚的2/3。圈梁高度不应小于120 mm。纵向钢筋数量不应少于4根,直径不应小于10 mm,绑扎接头的搭接长度按受拉钢筋考虑,箍筋间距不宜大于300 mm。

④圈梁兼作过梁时,过梁部分的钢筋应按计算面积另行增配。

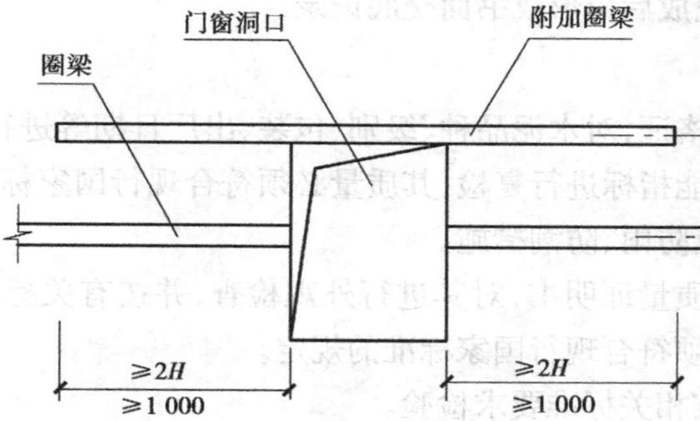

图 2.1 圈梁的搭接

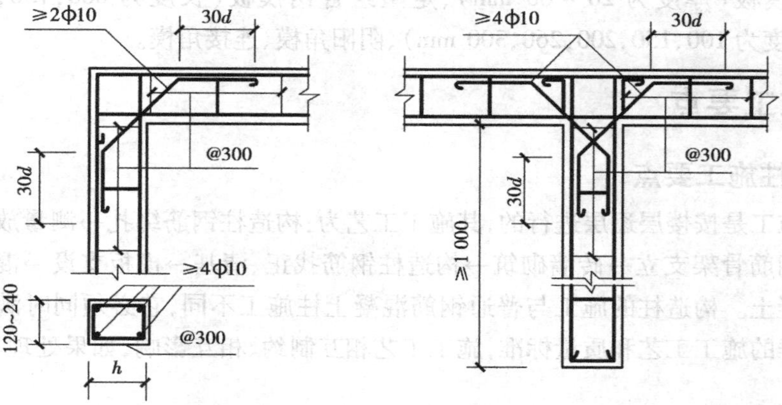

图 2.2 圈梁在房屋转角和丁字墙交接处的附加钢筋

2)构造柱的构造要求

①构造柱最小截面为 180 mm×240 mm,纵向钢筋宜采用4 ϕ12,箍筋间距不宜大于250 mm,且在柱上下端应适当加密;6,7 度时超过 6 层,8 度时超过 5 层和 9 度时,构造柱纵向钢筋宜采用 4 ϕ14,箍筋间距不宜大于 200 mm。房屋四角的构造柱应适当加大截面及配筋。

②构造柱与墙体的连接处宜砌成马牙槎,并沿墙高每 500 mm 设 2 ϕ6 水平钢筋和ϕ4 分布短筋平面内点焊组成的拉结网片或ϕ4 点焊钢筋网片,每边伸入墙内不宜小于 1 m。

③构造柱与圈梁连接处,构造柱的纵筋应在圈梁纵筋内侧穿过,保证构造柱纵筋上下贯通。

④构造柱可不单独设置基础,但应伸入室外地面下 500 mm,或与埋深小于 500 mm 的基础圈梁相连。

子项 2.2 施工指导

2.2.1 施工现场准备

1)技术准备

施工前应认真熟悉与会审图纸,保证施工能够按设计图纸要求进行;完成技术、安全交底,把拟建工程的设计内容、施工计划、施工技术要点和安全等级要求,按分项内容或按阶段向施工队交代清楚。交底完成后应形成书面交底记录。

2)材料准备

水泥:进场应有出厂合格证,对水泥品种、级别、包装、出厂日期等进行检查,并应对其强度、安定性及其他必要的性能指标进行复检,其质量必须符合现行国家标准的规定。水泥进场后应有良好的堆放场地及防雨、防潮措施。

钢筋:进场时应有产品质量证明书,对其进行外观检查,并按有关标准规定取、送样,进行力学性能检验,其质量必须符合现行国家标准的规定。

砂:采用中砂,进场后按相关标准要求检验。

施工用水:宜采用自来水,如使用河水、湖水、井水等,应经检测合格后方可使用。

模板:木模板(厚度为 20 ~ 60 mm)、定型组合钢模板(长度为 600,750,900,1 200,1 500 mm,宽度为 100,150,200,260,300 mm)、阴阳角模、连接角模。

2.2.2 施工要点

1)构造柱施工要点

构造柱施工是按楼层逐层进行的,其施工工艺为:构造柱钢筋绑扎→测量放线定轴线位置→构造柱钢筋骨架支立→砖墙砌筑→构造柱钢筋找正、清基→模板支设→混凝土浇筑→拆模养护混凝土。构造柱的施工与普通钢筋混凝土柱施工不同,它必须同时满足砌体工程和混凝土工程的施工工艺和质量标准,施工工艺相互制约、相互影响,如果处理不当,将影响工程质量。

(1)钢筋绑扎工艺

工艺流程:预制构造柱钢筋骨架→修整底层伸出的构造柱搭接筋→安装构造柱钢筋骨架→绑扎搭接部位箍筋。

①预制构造柱钢筋骨架:

a. 先将两根竖向受力钢筋平放在绑扎架上,并在钢筋上画出箍筋间距。

b. 根据画线位置,将箍筋套在受力筋上逐个绑扎,要预留出搭接部位的长度。为防止骨架变形,宜采用反十字扣或套扣绑扎。箍筋应与受力钢筋保持垂直;箍筋弯钩叠合处,应沿受力钢筋方向错开放置。

c. 再穿另外 2 根受力钢筋,并与箍筋绑扎牢固,箍筋端头平直长度不小于 $10d$(d 为箍筋直径),弯钩角度不小于 135°。

d. 在柱顶、柱脚与圈梁钢筋交接的部位,应按设计要求加密构造柱的箍筋,加密范围一般在圈梁上、下均不应小于 1/6 层高或 45 cm,箍筋间距不宜大于 10 cm(柱脚加密区箍筋待柱骨架立起搭接后再绑扎)。

②修整底层伸出的构造柱搭接筋。根据已放好的构造柱位置线,检查搭接筋位置及搭接长度是否符合设计和规范的要求。符合要求后,在搭接筋上套上搭接部位的箍筋。

③安装构造柱钢筋骨架。搭接处钢筋套上箍筋后将预绑好的构造柱钢筋骨架立起来,对正伸出的搭接筋,搭接倍数不低于 $35d$(d 为构造柱钢筋直径),对好标高线,在竖筋搭接部位各绑 3 个扣。骨架调整后,绑扎根部加密区箍筋,完成构造柱钢筋骨架的就位工作。

(2)构造柱的根部与顶部处理

①构造柱根部的锚固。构造柱可不单独设置基础,但应伸入室外地面下500 mm,或与埋深小于500 mm的基础圈梁相连。构造柱根部锚固有图2.3所示的几种情形。

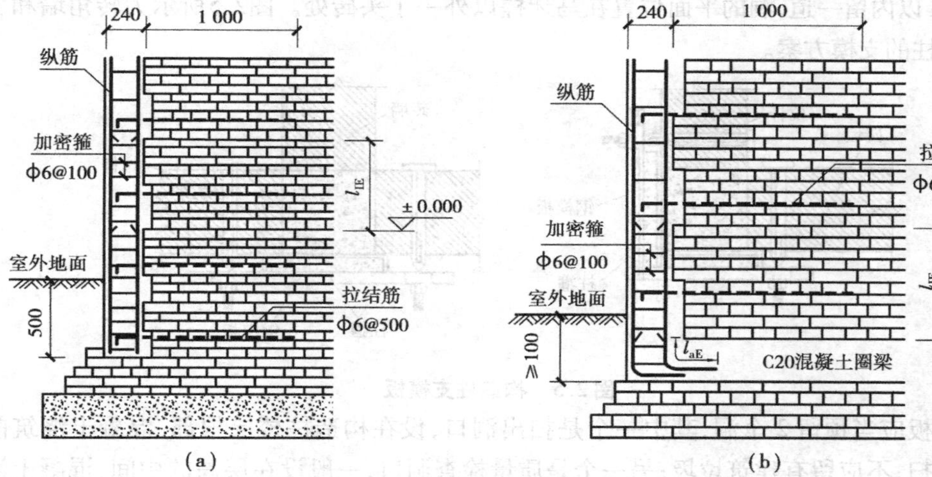

图2.3 构造柱根部的锚固

(a)未设基础圈梁时的锚固;(b)锚入基础混凝土圈梁

②构造柱的顶部处理。对突出屋面的楼梯间等,构造柱应从下一层伸到屋顶间顶部,并与顶部圈梁连接。对高度较高的女儿墙,构造柱也应伸到女儿墙墙顶,纵筋锚入压顶圈梁中。

(3)墙体马牙槎砌筑

为了使构造柱发挥抗震作用,构造柱与砌体连接处应砌成马牙槎,每一马牙槎高度不应超过300 mm。砌筑马牙槎时应先退后进,以保证构造柱柱脚为大断面。砌筑马牙槎时,槎边进退要对称,尺寸要统一,并沿墙高每隔500 mm设置2Φ6拉结筋,拉结筋每边伸入墙内不应小于1 000 mm,如图2.4所示。

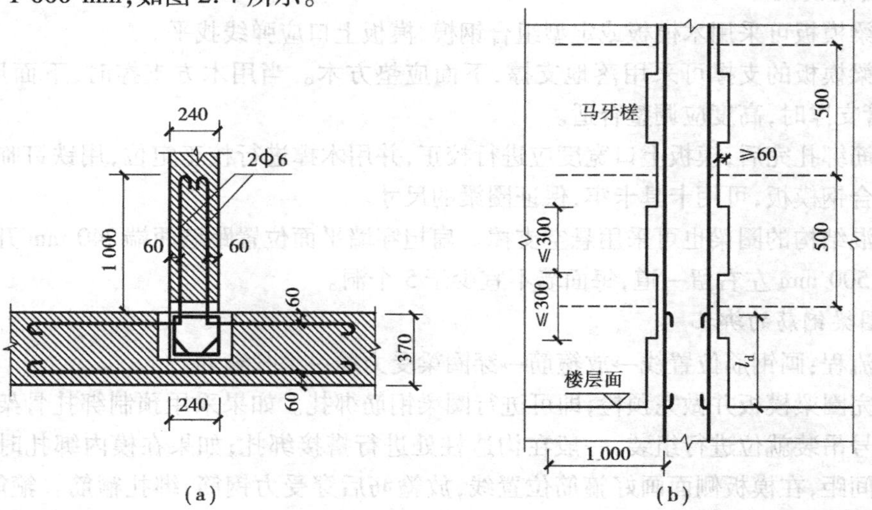

图2.4 构造柱拉结筋构造

(a)平面;(b)立面

(4)构造柱模板

①砖混结构的构造柱模板,可采用木模板或定型组合钢模板。为防止浇筑混凝土时模板鼓胀,可没穿墙螺栓对拉紧固模板,穿过砖墙的洞口要预留,预留孔洞位置要求距地面30 cm开始,每1 m以内留一道,洞的平面位置在马牙槎以外一丁头砖处。图2.5所示为转角墙和丁字墙处构造柱的支模方案。

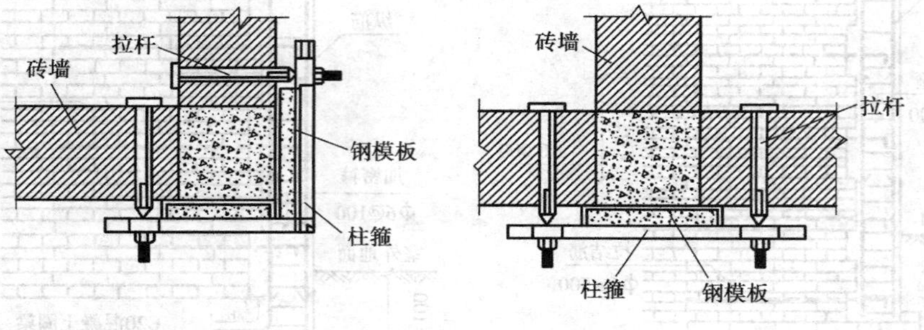

图2.5　构造柱支模板

②模板应当预留2个洞,其中一个是扫出洞口,设在构造柱楼层根部,混凝土浇筑前应有专人清扫,不应留有建筑垃圾;另一个是质量检查洞口,一般设在层高的中间,混凝土浇筑时临时堵塞,以备质量检查时使用,检查后进行封闭。

(5)构造柱混凝土浇筑

浇筑混凝土前应先注入20~30 mm厚同强度等级混凝土但不加粗骨料的水泥砂浆,再浇筑混凝土,避免构造柱接头出现露筋等现象。

构造柱混凝土应用机械振捣以保证密实度。如果构造柱在砌体完成后不能及时浇筑,应根据气温变化先保证砌体有足够的水分再浇筑,否则会影响混凝土的水化反应,并使构造柱干缩,以致于构造柱混凝土不能与砌体紧密结合,从而降低构造柱的作用。

2)圈梁施工要点

(1)圈梁模板

①圈梁模板可采用木模板或定型组合钢模,模板上口应弹线找平。

②圈梁模板的支撑可采用落地支撑,下面应垫方木。当用木方支撑时,下面用木楔楔紧;用钢管支撑时,高度应调整合适。

③钢筋绑扎完后,模板上口宽度应进行校正,并用木撑进行校正定位,用铁钉临时固定。如采用组合钢模板,可用卡具卡牢,保证圈梁的尺寸。

④砖混结构的圈梁也可采用悬空支撑。扁担穿墙平面位置距墙两端240 mm开始留洞,中间每隔500 mm左右留一道,每面墙不宜少于5个洞。

(2)圈梁钢筋的绑扎

工艺流程:画钢筋位置线→放箍筋→穿圈梁受力筋→绑扎箍筋。

①支完圈梁模板并做完预检,即可进行圈梁钢筋绑扎。如果采用预制绑扎骨架时,可将骨架按编号吊装就位进行组装,一般在构造柱处进行搭接绑扎;如果在模内绑扎时,按设计图纸要求间距,在模板侧面画好箍筋位置线,放箍筋后穿受力钢筋,绑扎箍筋。箍筋必须垂直纵向钢筋,箍筋搭接处应沿纵向钢筋方向互相错开。

②圈梁钢筋在构造柱部位搭接时,其搭接长度或锚入柱内长度应符合设计要求。

③圈梁钢筋绑扎完后应加垫水泥砂浆垫块或塑料卡,以控制受力钢筋的保护层。

3)混凝土工程施工要点

(1)浇筑程序

对于现浇楼面,圈梁一般与楼面同时浇筑。对于预制楼面,常规支模时应先浇圈梁混凝土,待其强度达到设计要求后再安装预制楼面板,最后浇筑板端接缝混凝土;对于硬架支模,则在预制楼面板安装就位后,一次完成圈梁及板端接缝的混凝土浇筑。

(2)浇筑注意事项

①浇筑混凝土前,对模板支设进行检查,对混凝土的配合比、坍落度进行监控。

②浇筑混凝土之前,应对木模以及砖墙提早浇水并充分润湿。

③圈梁振捣一般采用插入式振动器,振捣棒与混凝土面应成斜角。

④混凝土浇筑时,应注意保护钢筋位置以及外砖墙、外墙板的防水构造。专人检查模板、钢筋是否变形、移位,螺栓、拉杆是否松动脱落,发现漏浆要及时指派专人检修。

⑤圈梁每浇筑完一段应随即用木抹子压实、抹平,表面不得有松散的混凝土。

⑥混凝土浇筑后必须在 12 h 内进行养护,使混凝土表面处于湿润状态。养护由专人负责,养护时间不得少于 7 d。

子项 2.3 质量检测

2.3.1 施工安全技术措施

1)钢筋

①在绑扎钢筋和安装钢筋骨料时,必须搭设脚手架或操作平台,临边应搭设防护栏杆,应站在脚手架或操作平台上作业。

②绑扎和安装钢筋,不得将工具、箍筋或短钢筋随意放在脚手架或模板上,以防坠落伤人。

2)模板

①高处作业必须搭设安全的操作平台,并经检查符合要求后方可使用。

②拆除一侧模板前,应先将另一侧模板临时固定,防止模板倾倒。

③使用的工具不得乱放,地面作业时应随时放入工具箱,高处作业时应放入工具袋内。

④模板拆除后,应及时将模板上的钉子起出,并将模板分类码放整齐。

3)混凝土

①浇筑高度超过 2 m 以上时,应有稳固的操作平台,作业面满铺脚手板,并设防护栏和安全网,不得站在模板或支架上操作。

②混凝土振捣器使用前,必须经电工检验确认合格后方可使用。开关箱内必须装设漏电保护器,插座、插头应完好无损,电源线不得破皮漏电。操作者必须戴绝缘手套、穿绝缘鞋。

③夜间施工应有足够的照明。

2.3.2 环保措施

1)钢筋

①施工中要做到活完场清,现场垃圾及时清运。

②钢筋加工应尽量安排在白天进行,避免噪声扰民。

2)模板

①夜间施工清理模板时,不得用硬物敲打模板,以减少噪声扰民。

②用于清理维护模板的废旧棉丝应及时回收,集中消纳。

③模板涂刷脱模剂时,为防止地面油渍污染,在模板下面垫一层塑料布或细砂,便于清理。

3)混凝土

①混凝土搅拌站应封闭,有喷水降尘措施,污水应经过沉淀池沉淀后排放。

②现场混凝土浇筑应及时清理落地灰。

③建筑垃圾应通过专门容器装运,严禁自上而下抛撒。

④混凝土振捣宜使用低噪音振捣棒。

2.3.3 质量标准与常见质量问题

1)钢筋分项工程质量标准

(1)主控项目

①钢筋进场时,应按国家现行相关标准的规定抽取试件做力学性能和质量偏差检验,检验结果必须符合有关标准的规定。

检查数量:按进场的批次和产品的抽样检验方案确定。

检验方法:检查产品合格证、出厂检验报告和进场复验报告。

②受力钢筋的弯钩和弯折应符合下列规定:

a. HPB300 级钢筋末端应作 180°弯钩,其弯弧内直径不应小于钢筋直径的 2.5 倍,弯钩的弯后平直部分长度不应小于钢筋直径的 3 倍;

b. 当设计要求钢筋末端需作 135°弯钩时,HRB335 级、HRB400 级钢筋的弯弧内直径不应小于钢筋直径的 4 倍,弯钩的弯后平直部分长度应符合设计要求;

c. 钢筋作不大于 90°的弯折时,弯折处的弯弧内直径不应小于钢筋直径的 5 倍。

检查数量:按每工作班同一类型钢筋、同一加工设备抽查不应少于 3 件。

检验方法:钢尺检查。

③除焊接封闭环式箍筋外,箍筋的末端应作弯钩,弯钩形式应符合设计要求。当设计无具体要求时,应符合下列规定:

a. 箍筋弯钩的弯弧内直径除应满足第②条的规定外,尚应不小于受力钢筋直径;

b. 箍筋弯钩的弯折角度:对一般结构不应小于 90°,对有抗震等要求的结构应为 135°;

c. 箍筋弯后平直部分长度:对一般结构不宜小于箍筋直径的 5 倍,对有抗震等要求的结构不应小于箍筋直径的 10 倍。

检查数量:按每工作班同一类型钢筋、同一加工设备抽查不应少于3件。

检验方法:钢尺检查。

(2)一般项目

①钢筋应平直、无损伤,表面不得有裂纹、油污、颗粒状或片状老锈。

检验方法:观察。

②钢筋宜采用无延伸功能的机械设备进行调直,也可采用冷拉方法调直。当采用冷拉方法调直时, HPB300 光圆钢筋的冷拉率不宜大于4%;HRB335,HRB400,HRB500,HRBF335,HRBF400,HRBF500及RRB400带肋钢筋的冷拉率不宜大于1%。

检查数量:按每工作班同一类型钢筋、同一加工设备抽查不应少于3件。

检验方法:观察,钢尺检查。

③钢筋加工的形状、尺寸应符合设计要求,其偏差应符合表2.2的规定。

检查数量:按每工作班同一类型钢筋、同一加工设备抽查不应少于3件。

检验方法:钢尺检查。

表2.2 钢筋加工的允许偏差

项 目	允许偏差/mm
受力钢筋长度方向全长的净尺寸	±10
弯起钢筋的弯折位置	±20
箍筋内净尺寸	±5

④钢筋的接头宜设置在受力较小处。同一纵向受力钢筋不宜设置两个或两个以上接头。接头末端至钢筋弯起点的距离不应小于钢筋直径的10倍。

检查数量:全数检查。

检验方法:观察,钢尺检查。

⑤当受力钢筋采用机械连接接头或焊接接头时,设置在同一构件内的接头宜相互错开。

纵向受力钢筋机械连接接头及焊接接头连接区段的长度为35倍d(d为纵向受力钢筋的较大直径)且不小于500 mm ,凡接头中点位于该连接区段长度内的接头,均属于同一连接区段。同一连接区段内,纵向受力钢筋机械连接及焊接的接头面积百分率为该区段内有接头的纵向受力钢筋截面面积与全部纵向受力钢筋截面面积的比值。

检验方法:观察,钢尺检查。

⑥同一构件中相邻纵向受力钢筋的绑扎搭接接头宜相互错开。绑扎搭接接头中钢筋的横向净距不应小于钢筋直径,且不应小于25 mm。同一连接区段内,纵向受拉钢筋搭接接头面积百分率应符合设计要求。

检验方法:观察,钢尺检查。

2)模板工程质量标准

(1)主控项目

①安装现浇结构的上层模板及其支架时,下层楼板应具有承受上层荷载的承载能力,或加设支架;上、下层支架的立柱应对准,并铺设垫板。

检查数量:全数检查。

检验方法:对照模板设计文件和施工技术方案观察。

②在涂刷模板隔离剂时,不得沾污钢筋和混凝土接槎处。

检查数量:全数检查。

检查方法:观察。

(2)一般项目

①模板的接缝不应漏浆;在浇筑混凝土前,木模板应浇水湿润,但模板内不应有积水;模板与混凝土的接触面应清理干净并涂刷隔离剂,但不得采用影响结构性能或妨碍装饰工程施工的隔离剂;浇筑混凝土前,模板内的杂物应清理干净;对清水混凝土工程及装饰混凝土工程,应使用能达到设计效果的模板。

检查数量:全数检查。

检验方法:观察。

②现浇结构模板安装的允许偏差应符合表2.3的规定。

表2.3 现浇结构模板安装的允许偏差及检验方法

项　目		允许偏差/mm	检验方法
轴线位置		5	钢尺检查
底模上表面标高		±5	水准仪或拉线、钢尺检查
截面内部尺寸	基础	±10	钢尺检查
	柱、墙、梁	+4,-5	钢尺检查
层高垂直度	≤5 m	6	经纬仪或吊线、钢尺检查
	>5 m	8	经纬仪或吊线、钢尺检查
相邻两板表面高低差		2	钢尺检查
表面平整度		5	2 m靠尺和塞尺检查

③侧模拆除时的混凝土强度应能保证其表面及棱角不受损伤,拆除的模板和支架宜分散堆放并及时清运。

检查数量:全数检查。

检验方法:观察。

3)混凝土分项工程质量标准

(1)主控项目

①水泥进场时应对其品种、级别、包装或散装仓号、出厂日期等进行检查,并应对其强度、安定性及其他必要的性能指标进行复验,其质量必须符合现行国家标准《通用硅酸盐水泥》(GB 175—2007)等的规定。

当在使用中对水泥质量有怀疑或水泥出厂超过3个月(快硬硅酸盐水泥超过1个月)时,应进行复验,并按复验结果使用。

钢筋混凝土结构、预应力混凝土结构中,严禁使用含氯化物的水泥。

检查数量:按同一生产厂家、同一等级、同一品种、同一批号且连续进场的水泥,袋装不超过 200 t 为一批，散装不超过 500 t 为一批，每批抽样不少于 1 次。

检验方法：检查产品合格证、出厂检验报告和进场复验报告。

②结构混凝土的强度等级必须符合设计要求。用于检查结构构件混凝土强度的试件，应在混凝土的浇筑地点随机抽取。取样与试件留置应符合下列规定：

a. 每拌制 100 盘且不超过 100 m^3 的同配合比的混凝土，取样不得少于 1 次；

b. 每工作班拌制的同一配合比的混凝土不足 100 盘时，取样不得少于 1 次；

c. 当一次连续浇筑超过 1 000 m^3 时，同一配合比的混凝土每 200 m^3，取样不得少于 1 次；

d. 每一楼层、同一配合比的混凝土，取样不得少于 1 次；

e. 每次取样应至少留置一组标准养护试件，同条件养护试件的留置组数应根据实际需要确定。

检验方法：检查施工记录及试件强度试验报告。

(2)一般项目

①施工缝的位置应在混凝土浇筑前按设计要求和施工技术方案确定。施工缝的处理应按施工技术方案执行。

检验方法：观察，检查施工记录。

②混凝土浇筑完毕后应按施工技术方案及时采取有效的养护措施，并应符合下列规定：

a. 应在浇筑完毕后的 12 h 以内，对混凝土加以覆盖，并保湿养护。

b. 混凝土浇水养护的时间：对采用硅酸盐水泥、普通硅酸盐水泥或矿渣硅酸盐水泥拌制的混凝土，不得少于 7 d；对掺用缓凝型外加剂或有抗渗要求的混凝土，不得少于 14 d。

c. 浇水次数应能保持混凝土处于湿润状态，混凝土养护用水应与拌制用水相同。

d. 采用塑料布覆盖养护的混凝土，其敞露的全部表面应覆盖严密，并应保持塑料布内有凝结水。

e. 混凝土强度达到 1.2 N/mm^2 前，不得在其上踩踏或安装模板及支架。

检查数量：全数检查。

检验方法：观察，检查施工记录。

4)常见质量问题

①钢筋变形：钢筋骨架绑扎时应注意绑扣方法，宜采用十字扣或套扣绑扎。

②箍筋间距不符合要求：多为放置砖墙拉结筋时碰动所致，应在砌完后合模前修整一次。

③构造柱伸出钢筋位移：除将构造柱伸出筋与圈梁钢筋绑牢外，在伸出筋处应绑一道定位箍筋，浇筑完混凝土后应立即修整。

④圈梁模板外胀：圈梁模板支撑未卡紧，支撑不牢固，模板上口拉杆碰坏或没钉牢固。浇筑混凝土时宜设专人修理模板。

⑤混凝土流坠：模板板缝过大，没有用纤维板、木板条等贴牢；外墙圈梁没有先支模板后浇筑圈梁混凝土，而是先包砖代替模板再浇筑混凝土，致使水泥浆顺砖缝流坠。

⑥混凝土外观存在蜂窝、孔洞、露筋、夹渣等缺陷：混凝土振捣不实，漏振；钢筋缺少保护层垫块，尤其是板缝内加筋位置，应认真检查，发现问题及时处理。

子项 2.4 实训任务

2.4.1 实训项目指导

某工程为3层砖混结构，层高为3 m，采用钢筋混凝土构造柱及圈梁，构造柱截面为矩形，截面尺寸为240 mm×240 mm。构造柱起自结构地面，柱基础底标高为-0.30 m，所有构造柱顶与屋面梁或板连接。每层楼板板顶标高处设置一道圈梁，圈梁截面尺寸为240 mm×120 mm。圈梁、构造柱的配筋如图2.6所示，请完成构造柱的钢筋绑扎及马牙槎墙体砌筑。

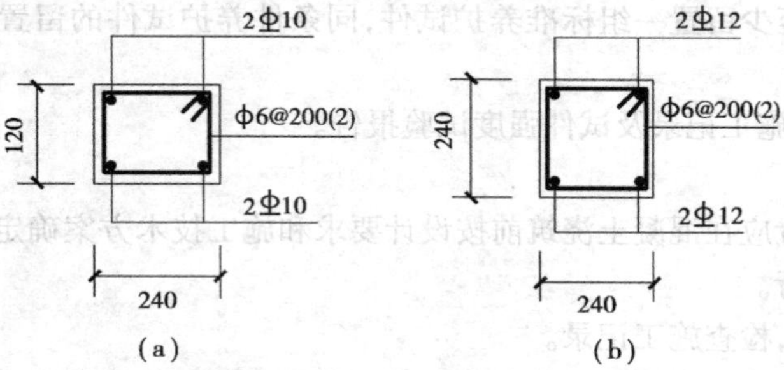

图2.6 圈梁、构造柱的配筋

(a)圈梁截面图；(b)构造柱截面图

实训项目1 构造柱钢筋绑扎

(1)实训准备

①主要材料：钢筋原材、成型钢筋、铁丝。

②主要使用工具：钢筋钩子、卷尺、滑石笔。

(2)实训要领

①将构造柱纵筋按要求制作好后按间距要求布置，在钢筋上标注出箍筋的位置，放好箍筋，然后进行绑扎。

②绑扎钢筋时采用反十字扣或套扣绑扎，除外围两根筋的相交点应全部绑扎外，其余各点可交错绑扎。

(3)实训指导教师师范

(4)学生进行操作

实训项目2 马牙槎墙体砌筑

(1)实训准备

①材料：砂浆、红砖。

②工具：砖刀、准线、托线板、钢卷尺、灰桶、铁锹。

(2)实训要领

①砖的组砌形式：应采用先退后进的方法，先退砌60 mm，砌5层砖；再进60 mm，砌5层砖。

②操作知识：

a. 马牙槎采用五退五进，砖在进退过程中避免形成通缝，同时保证墙体在两边的垂直度。

b. 挑出的砖应放平，挑出尺寸为 60 mm。

c. 马牙槎第 1 至 5 层砖同前面的一顺一丁组砌法，第 6 至 10 层的砖变化如图 2.7 所示，以上按前面 10 层循环。

组砌形式立面图

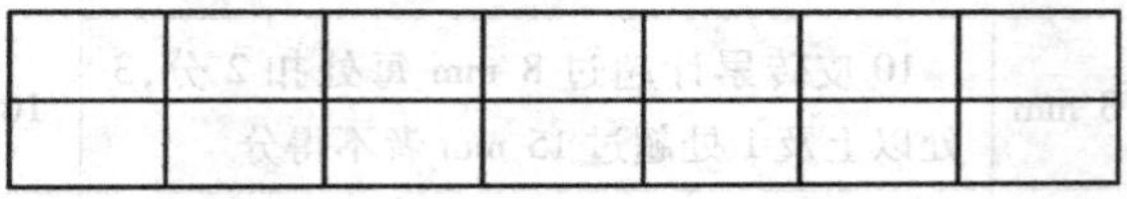

第6层

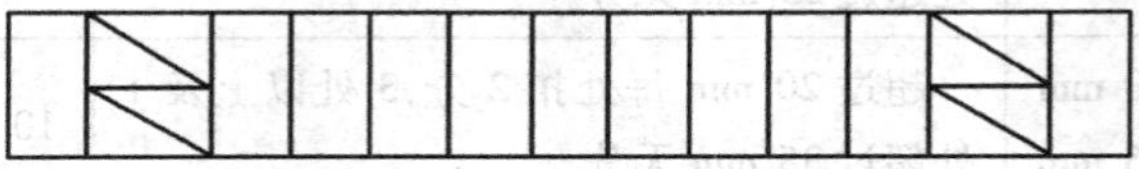

第7层

图 2.7　马牙槎砌筑

③砌筑量：

- 男生：墙长 1.61 m、高 1.20 m。
- 女生：墙长 1.61 m、高 1.00 m。

(3) 实训指导教师示范

(4) 学生进行操作

2.4.2　成绩评定参考方法

项目评价包括学习过程评价和实操过程评价两个方面，总分为 100 分。其中，学习过程评价占项目总分的 40%，由教师评价和学生互评同时进行，取其平均分，见表 2.4；实操过程评价占项目总分的 60%，由自我评价和学生互评同时进行，取其平均分，见表 2.5 和 2.6。

表 2.4　学习过程评价得分表

	项　次	分项内容	评分标准	得　分
学习过程评分	1	课堂到课及纪律遵守情况	40	
	2	独立分析问题和解决问题的能力	30	
	3	自我学习能力	30	
	合　计		100	

表2.5　马牙槎墙体砌筑的考核项目及评分标准

序号	测定项目	允许偏差	评分标准	标准分	检测点					得分
					1	2	3	4	5	
1	砖		选砖质量达不到要求无分（每处0.5分）	5						
2	砌筑方法和程序		不盘角和不挂准线无分，准线挂法不正确扣1~3分	10						
3	墙面垂直度	5 mm	超过5 mm每处扣2分，3处以上及1处超过15 mm者不得分	15						
4	墙面平整度	8 mm	超过8 mm每处扣2分，3处以上及1处超过15 mm者不得分	15						
5	水平灰缝平直度	10 mm	超过10 mm每处扣2分，3处以上及1处超过20mm者不得分	15						
6	水平灰缝厚度	±8 mm	10皮砖累计超过8 mm每处扣2分，3处以上及1处超过15 mm者不得分	10						
7	墙体总高度	±15 mm	超过15 mm每处扣2分，3处以上及1处超过25 mm无分	10						
8	留槎尺寸	20 mm 15 mm	超过20 mm每处扣2分，3处以上及1处超过35 mm无分	10						
9	砂浆饱满度	80%	小于80%每处扣2分，4处以上无分	10						
10	合　计			100						

表2.6　钢筋绑扎实操过程评价得分表

序号	检测项目	允许偏差	评分标准	标准分	检测点					得分
					1	2	3	4	5	
1	钢筋下料长度计算		提交钢筋下料计算书，钢筋下料长度计算正确、完整	20						
2	纵筋长度	±10 mm	每超过±10 mm每处扣2分，超过±20 mm本项无分	5						
3	骨架宽度	±5 mm	每超过±5 mm每处扣2分，超过±20 mm本项无分	5						
4	骨架高度	±5 mm	每超过±5 mm每处扣2分，超过±20 mm本项无分	5						
5	受力钢筋间距	±10 mm	间距每超过±10 mm每处扣2分，超过±20 mm本项无分	5						

续表

序号	检测项目	允许偏差	评分标准	标准分	检测点					得分
					1	2	3	4	5	
6	保护层厚度	±5 mm	每超过 ±5 mm 每处扣 2 分，超过 ±20 mm 本项无分	5						
7	箍筋间距	±20 mm	是否符合设计要求，每超过 1 处扣 3 分	5						
8	箍筋与主筋垂直		明显不垂直每处扣 2 分	5						
9	绑扎	松缺扣 20%	方法不当扣 5 分，松缺口每多超过 10% 扣 2 分	5						
10	工艺操作	正确，规范	每错一处扣 2 分	15						
11	安全操作		有安全事故此项无分	15						
12	工效	规定时间	在规定时间内完成工程量 80% 以下者此项无分，完成 80% ~90% 者适当扣 1 ~3 分，提前完成者加 1 ~3 分	10						
13	合 计			100						

子项 2.5 知识拓展——门窗过梁、墙梁、挑梁及雨篷

2.5.1 门窗过梁

1) 过梁的种类

当墙体上开设门窗洞口时，为了支撑洞口上部砌体所传来的各种荷载，并将这些荷载传递给窗间墙，常在门窗洞口上设置横梁，称之为过梁。

过梁按所用材料可分为钢筋混凝土过梁(图 2.8(a))和砖砌过梁。砖砌过梁又分为砖砌平拱过梁(图 2.8(b))和钢筋砖过梁(图 2.8(c))。

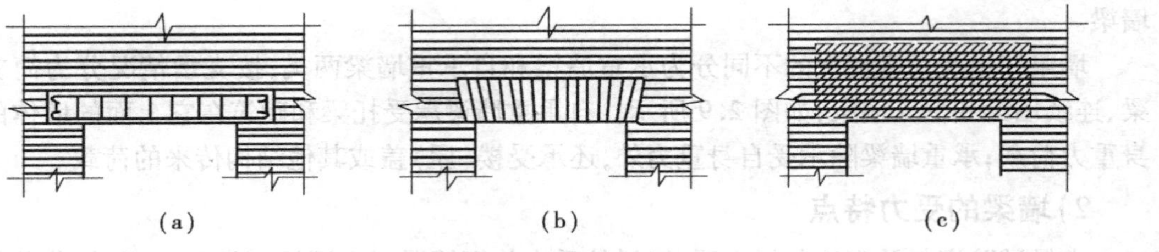

图 2.8 过梁种类

(a) 钢筋混凝土过梁；(b) 砖砌平拱过梁；(c) 钢筋砖过梁

2)过梁的受力特点

作用在过梁上的荷载有墙体荷载和过梁计算高度范围内的梁、板荷载。

(1)墙体荷载

对于砖砌墙体,当过梁上的墙体高度 $h_w < l_n/3$ 时(l_n 为过梁洞口净长度),应按全部墙体的自重作为均布荷载考虑;当过梁上的墙体高度 $h_w \geqslant l_n/3$ 时,应按 $l_n/3$ 高的墙体自重作为均布荷载考虑;对于混凝土砌块砌体,当过梁上的墙体高度 $h_w < l_n/2$ 时,应按全部墙体的自重作为均布荷载考虑;当过梁上的墙体高度 $h_w \geqslant l_n/2$ 时,应按 $l_n/2$ 高的墙体自重作为均布荷载考虑。

(2)梁、板荷载

当梁、板下的墙体高度 $h_w < l_n$ 时,应计算梁、板传来的荷载;如 $h_w \geqslant l_n$,则可不计梁、板的作用。

过梁承受荷载后,上部受压、下部受拉。随着荷载的增大,当跨中竖向截面的拉应力或支座斜截面的主拉应力超过砌体的抗拉强度时,将先后在跨中出现竖向裂缝,在靠近支座处出现阶梯形斜裂缝。对于钢筋砖过梁,过梁下部的拉力将由钢筋承担;对于砖砌平拱过梁,过梁下部拉力将由两端砌体提供的推力来平衡;对于钢筋混凝土过梁,则与钢筋砖过梁类似。实验表明,当过梁上的墙体达到一定高度后,过梁上的墙体形成内拱将产生卸载作用,使一部分荷载直接传递给支座。

3)过梁的构造要求

砖砌过梁的构造要求应符合下列规定:

①砖砌过梁截面计算高度内的砂浆不宜低于 M5。

②砖砌平拱用竖砖砌筑部分的高度不应小于 240 mm。

③钢筋砖过梁底面砂浆层处的钢筋,其直径不应小于 5 mm,间距不宜大于 120 mm,钢筋伸入支座砌体内的长度不宜小于 240 mm,砂浆层的厚度不宜小于 30 mm。

④砖砌过梁对振动荷载和地基不均匀沉降较为敏感,跨度不宜过大。钢筋砖过梁跨度不宜超过 1.5 m;砖砌平拱过梁跨度不宜超过 1.2m。

⑤对有较大振动荷载,或可能产生不均匀沉降的房屋,应采用钢筋混凝土过梁。

2.5.2 墙梁

1)墙梁的种类

由钢筋混凝土托梁及砌筑于其上的计算高度范围内的墙体所组成的组合构件称为墙梁。

墙梁按承受荷载情况的不同分为承重墙梁和自承重墙梁两类;按支承情况分为简支墙梁、连续墙梁和框支墙梁,如图 2.9 所示。自承重墙梁承受托梁和砌筑在它上面的墙体的自身重力荷载;承重墙梁除承受自身重力外,还承受楼(屋)盖或其他结构传来的荷载。

2)墙梁的受力特点

大量试验资料及理论分析表明,墙梁的受力与钢筋混凝土深梁相类似,在顶部荷载作用下,无洞口墙梁及跨中开洞墙梁近似于拉杆拱受力机构,托梁处于小偏心受拉状态,如图 2.10(a)所示;偏开洞墙梁(图 2.10(b))由于洞口切入拱肋内,相当一部分荷载将通过洞口

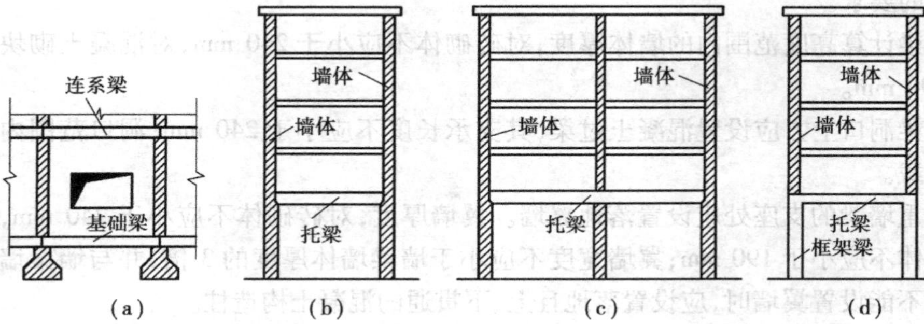

图 2.9 墙梁

(a)自承重墙梁;(b)简支墙梁;(c)连续墙梁;(d)框支墙梁

内侧墙体作用在托梁上,托梁内的拉力减小,弯矩增大。偏开洞墙梁为梁-拱组合受力机构,托梁不仅承受墙梁整体抗弯时产生的拉力,而且承受由于偏开洞而产生的局部弯矩,在洞口靠近跨中的边缘,托梁处于大偏心受拉状态。

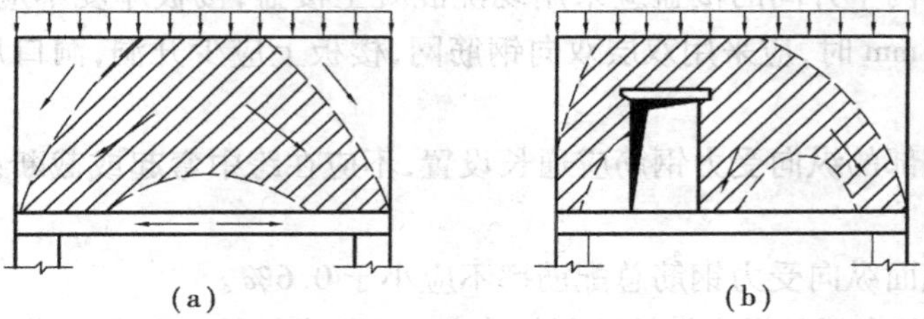

图 2.10 墙梁的受力特点

影响墙梁破坏形态的因素比较复杂,有墙体计算高跨比、托梁高跨比、砌体和混凝土强度、托梁配筋率、加荷方式、集中力剪跨比、墙体开洞情况以及有无纵向翼缘等。根据影响因素的不同,墙梁可能发生的破坏有正截面受弯破坏、墙体与托梁剪切破坏和支座上方墙体局部受压破坏 3 种。

当托梁的纵向受力钢筋配置不足时,发生正截面受弯破坏;当托梁的箍筋配置不足时,可能发生托梁斜截面剪切破坏;当托梁的配筋较强,并且两端砌体局部受压,承载力得不到保证时,可能发生墙体剪切破坏。墙梁除上述主要破坏形态外,还可能发生托梁端部混凝土局部受压破坏和有洞口墙梁洞口上部砌体剪切破坏等,因此必须采取一定的构造措施,防止这些破坏的发生。

3)墙梁的构造要求

墙梁是组合构件,为了使托梁与墙体保持良好的组合工作状态,应符合下列构造要求:

(1)材料

①托梁的混凝土强度等级不应低于 C30。

②承重墙梁的块体强度等级不应低于 MU10,计算高度范围内墙体的砂浆强度等级不应低于 M10。

(2)墙体

①框支墙梁的上部砌体房屋,以及没有承重的简支墙梁或连续墙梁的房屋,应满足刚性

方案房屋的要求。

②墙梁计算高度范围内的墙体厚度，对砖砌体不应小于 240 mm，对混凝土砌块砌体不应小于 190 mm。

③墙梁洞口上方应设置混凝土过梁，其支承长度不应小于 240 mm；洞口范围内不应施加集中荷载。

④承重墙梁的支座处应设置落地翼墙。翼墙厚度，对砖砌体不应小于 240 mm，对混凝土砌块砌体不应小于 190 mm；翼墙宽度不应小于墙梁墙体厚度的 3 倍，并与墙梁墙体同时砌筑。当不能设置翼墙时，应设置落地且上、下贯通的混凝土构造柱。

⑤当墙梁墙体在靠近支座 1/3 跨度范围内开洞时，支座处应设置落地且上下贯通的混凝土构造柱，并应与每层圈梁连接。

⑥墙梁计算高度范围内的墙体，每天可砌筑高度不应超过 1.5 m，否则，应加设临时支撑。

(3)托梁

①托梁两侧各两个开间的楼盖应采用现浇混凝土楼盖，楼板厚度不应小于 120 mm，当楼板厚度大于 150 mm 时，应采用双层双向钢筋网，楼板上应少开洞，洞口尺寸大于 800 mm 时应设洞口边梁。

②托梁每跨底部的纵向受力钢筋应通长设置，不应在跨中弯起或截断；钢筋连接应采用机械连接或焊接。

③托梁跨中截面纵向受力钢筋总配筋率不应小于 0.6%。

④托梁上部通长布置的纵向钢筋面积与跨中下部纵向钢筋面积之比值不应小于 0.4；连续墙梁或多跨框支墙梁的托梁支座上部附加纵向钢筋，从支座边算起每边延伸长度不小于 $l_0/4$。

⑤承重墙梁的托梁在砌体墙、柱上的支承长度不应小于 350 mm。纵向受力钢筋伸入支座应符合受拉钢筋的锚固要求。

⑥当托梁高度 $h_b \geqslant 450$ mm 时，应沿梁截面高度设置通长水平腰筋，直径不应小于 12 mm，间距不应大于 200 mm。

⑦对于洞口偏置的墙梁，其托梁的箍筋加密区范围应延至洞口外，距洞边的距离大于等于托梁截面高度 h_b，箍筋直径不应小于 8 mm，间距不应大于 100 mm，如图 2.11 所示。

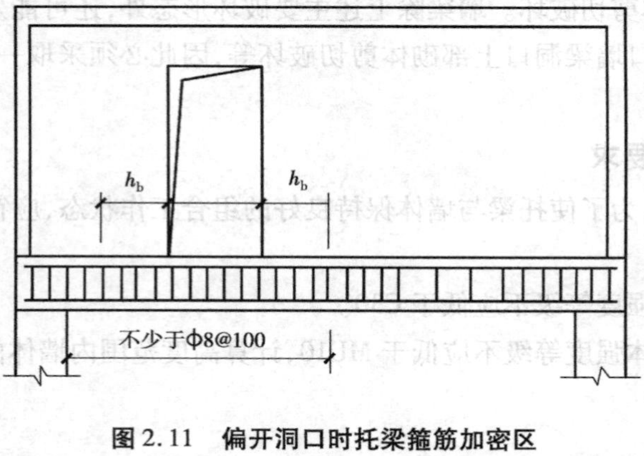

图 2.11　偏开洞口时托梁箍筋加密区

2.5.3 挑梁

挑梁是埋置于墙体中的悬挑构件,多用于房屋雨篷、阳台、悬挑外廊和悬挑楼梯等。在多层砌体房屋中,挑梁的一般嵌固方式是埋入墙体内一定长度,该长度内的竖向压力作用可以平衡挑梁挑出端承受的荷载,使得挑梁不致在挑出荷载的作用下发生倾覆破坏。此外,由于挑梁是和砌体共同工作的,因此,还要保证砌体局部受压承载力以及悬挑构件本身的承载力和变形要求。

1)挑梁受力特点及破坏形态

挑梁的悬挑部分是钢筋混凝土受弯构件,埋入墙体的部分可看作是以砌体为基础的弹性地基梁,它不仅受上部砌体的压应力作用,还受到由于悬挑部分的荷载作用在支座处所产生的弯矩和剪力作用。挑梁变形的大小与墙体的刚度以及挑梁埋入端的刚度有关。在悬挑部分荷载作用下,埋入段前段(靠悬挑部分)下的砌体产生压缩变形,变形大小随悬挑部分荷载的增加而加大。当砌体压缩变形增大到一定程度时,在挑梁埋入段前部和尾部的上、下表面将先后产生水平裂缝,与砌体脱开,若挑梁本身的强度足够,从砌体结构的角度来看,挑梁埋入段周围砌体可能发生以下两种破坏形态:

(1)倾覆破坏

当挑梁埋入砌体墙中的长度 l_1 较小而砌体强度足够时,在挑梁埋入端尾部,由于砌体内主拉应力较大,超过了砌体沿齿缝截面的抗拉强度,而出现沿梁端尾部与梁轴线大致成45°角斜向发展的阶梯形裂缝(图2.12),随着裂缝的加宽与发展,斜裂缝以内的墙体及其他抗倾覆荷载不再能够有效地抵抗挑梁的倾覆而产生倾覆破坏。

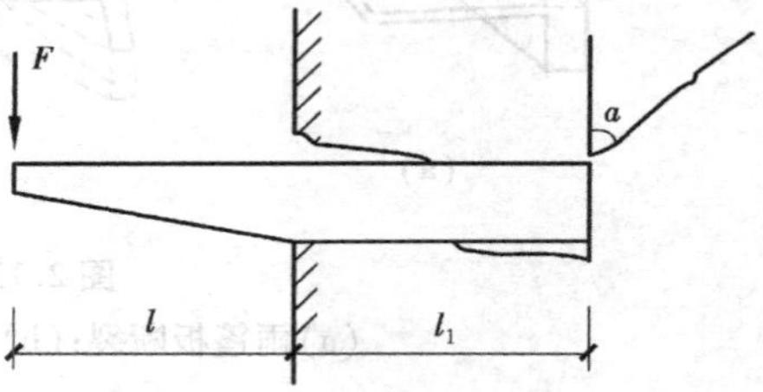

图2.12 挑梁倾覆破坏

(2)挑梁下砌体的局部受压破坏

当挑梁埋入端较长而砌体强度较低时,可能发生挑梁埋入端前段下部砌体被局部压碎的破坏,即局压破坏。

2)挑梁的构造要求

挑梁设计除应符合国家现行《混凝土结构设计规范》的相关规定外,尚应满足下列要求:

①纵向受力钢筋至少应有1/2的钢筋面积伸入梁尾端,且不少于2 φ12。其他钢筋伸入支座的长度不应小于 $2l_1/3$。

②挑梁埋入砌体长度 l_1 与挑出长度 l 之比宜大于1.2;当挑梁上无砌体时,l_1 与 l 之比宜大于2。

2.5.4 雨篷

1)雨篷的种类及受力特点

按施工方法,雨篷分为现浇雨篷和预制雨篷,按支承条件分为板式雨篷和梁式雨篷,按材料分为钢筋混凝土雨篷和钢结构雨篷。

在工业与民用建筑中，用得最多的是现浇钢筋混凝土板式雨篷。当悬挑长度较小时，常采用现浇板式雨篷，它由雨篷板和雨篷梁组成，雨篷板支承在雨篷梁上。雨篷板是一个受弯构件，雨篷梁除了要承受雨篷板传来的扭矩，还要承受上部结构传来的弯矩和剪力，因此雨篷梁是一个同时受弯、剪、扭的构件。当悬挑长度较大时，常采用现浇梁式雨篷。现浇梁式雨篷由雨篷板、雨篷梁、边梁组成，与板式雨篷不同之处在于其雨篷板是四边支承的板，而板式雨篷的雨篷板是一边支承的板。

大量试验表明，现浇钢筋混凝土板式雨篷在荷载作用下可能出现以下3种破坏形态：

①雨篷板根部受弯承载力不足而破坏，如图2.13(a)所示；

②雨篷梁受弯、剪、扭破坏，如图2.13(b)所示；

③整个雨篷的倾覆破坏，如图2.13(c)所示。

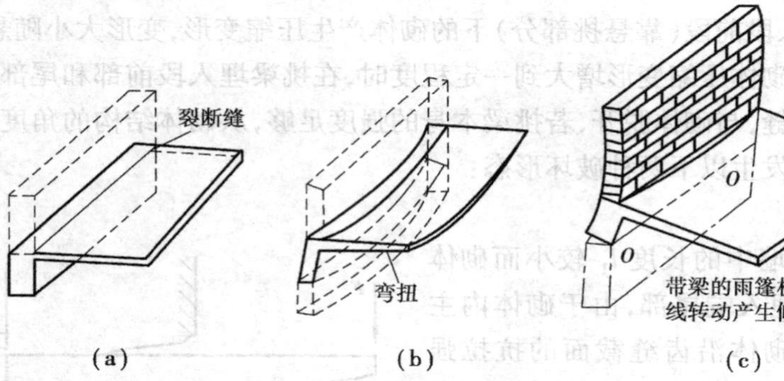

图2.13 雨篷的破坏形式

(a)雨篷板断裂；(b)雨篷梁弯剪扭破坏；(c)雨篷倾覆

2)雨篷的构造要求

①雨篷板端部厚 $h_e \geq 60$ mm，根部厚度 $h=(1/10\sim1/12)l$（l 为挑出长度）且不小于80 mm，当其悬臂长度小于500 mm时，根部最小厚度为60 mm。

②雨篷板受力钢筋通过计算求得，但不得小于Φ6@200（$A_s=141$ mm^2/m），且深入雨篷梁内的锚固长度取 l_a（l_a 为受拉钢筋锚固长度）；板分布钢筋不小于Φ6@200。

③雨篷梁宽度 b 一般与墙厚相同，高度 $h=(1/8\sim1/10)l_0$（l_0 为计算跨度）且为砖厚的倍数，梁的搁置长度 $a\geq370$ mm。

项目小结

圈梁、构造柱是砌体结构中重要的抗震措施，在施工过程中，与圈梁和构造柱直接相关的墙体砌筑、模板支设、钢筋绑扎和混凝土浇筑都是质量控制的重要环节。本章重点学习了圈梁构造柱的设置原则及构造要求以及圈梁、构造柱的施工工艺。知识点包括施工准备、施工工艺、安全管理、环保要求、施工验收与检测、实训任务，旨在使学生具有进行圈梁、构造柱施工的能力。知识拓展子项中介绍了门窗过梁、墙梁、挑梁及雨篷的基本知识。

复习思考题

1. 简述圈梁、构造柱的施工工艺。
2. 什么是圈梁？圈梁的设置原则是什么？
3. 简述构造柱的构造要求。
4. 简述圈梁的构造要求。
5. 什么是墙梁？常见墙梁的种类有哪些？
6. 挑梁可能发生的破坏形态有哪几种？

项目 3

砌块与石砌体结构施工

项目导读

• **基本要求** 熟悉各种砌块材料性能、常见砌块分类；掌握各类砌块砌筑工艺流程和施工要点，并能进行质量检验。

• **重点** 混凝土小型空心砌块砌筑的施工工艺及质量验收标准。

• **难点** 影响砌块砌体工程质量的因素与防治措施。

子项 3.1 知识准备

3.1.1 项目介绍

砌块是利用工业废料(煤炸、矿渣等)和地方材料制成的人造块材，用以替代普通黏土砖作为砌墙材料，由于它具有对建筑体系适应性强、砌筑灵活、节约资源等特点，应用日益广泛。石砌体由于取材方便，工程中也有非常多的应用。本项目具体介绍了各种砌块砌体以及石砌体的施工特点，通过学习基本知识，完成实训场地内带有转角的砌块墙砌筑及质量检测。

3.1.2 教学目标

知识目标：熟悉砌块砌体与石砌体的施工工艺、质量与安全控制要点。

能力目标：具有制定砌块砌体与石砌体施工方案的能力，能够指导施工。

素质目标：培养吃苦耐劳、团结合作的精神及安全责任意识。

3.1.3 砌体材料

砌块是砌筑用的人造块材，是一种新型墙体材料。一般情况下，砌块主规格中的长度、宽度或高度有一项或多项分别超过365 mm、240 mm 或115 mm，但高度一般不大于长度或宽度的6倍，长度不超过高度的3倍。按照不同的分类方式，砌块可以分为很多不同的种类，下面简单介绍几种常见的砌块和石材类型。

(1)混凝土空心砌块

普通混凝土小型空心砌块是以水泥、砂、碎石和砾石为原料，加水搅拌、振动加压或冲击成型，再经养护制成的一种墙体材料，其空心率不小于25%。其主要规格尺寸为390 mm×190 mm×190 mm，如图3.1所示。

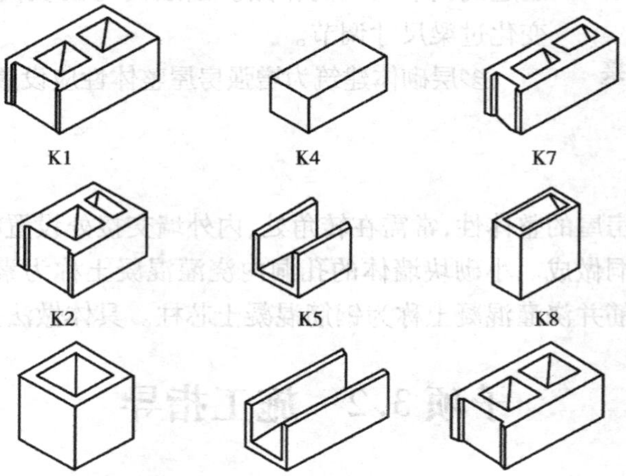

图3.1 混凝土空心砌块的规格

K1—390×190×190；K2—290×190×190；K3—190×190×190；
K4—190×90×56；K5—190×190×190；K6—390×190×190；
K7—390×90×190；K8—190×90×190；K9—390×190×190

混凝土空心砌块按其力学性能分为MU20、MU15、MU10、MU7.5、MU5、MU3.5共6个强度等级。

(2)加气混凝土砌块

加气混凝土砌块是以水泥、矿渣、砂、石灰等为主要原料，加入发气剂，经搅拌成型、蒸压养护而成的实心砌块。

(3)毛石

毛石是不成形的石料，处于开采以后的自然状态。工程用毛石一般选择质地坚实、无风化剥落和裂纹、无水锈的石块，其中部厚度不小于200 mm，强度不低于MU20标准。

(4)料石

料石是用毛石加工制成的具有一定规格，用来砌筑建筑物用的石料，分为毛料石、粗料石和细料石等。

3.1.4 构造要求

1)砌块墙的拼接

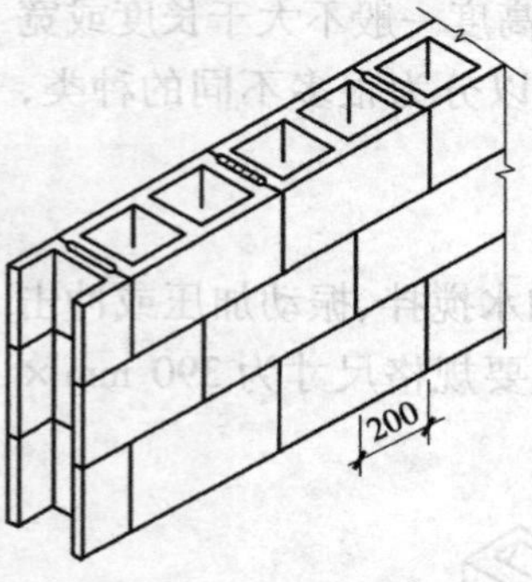

图 3.2 砌块墙的拼接

混凝土空心砌块的主规格为 390 mm×190 mm×190 mm，墙厚等于砌块的宽度，其立面砌筑形式只有全顺一种，即各皮砌块均为顺砌，上下皮竖缝相互错开 1/2 砌块长，上下皮砌块孔洞相互对准，如图 3.2 所示。

2)过梁与圈梁

砌块墙的门窗洞口处应设置过梁，它既起到连系梁的作用，还起到调节砌块的作用。当层高与砌块高出现差异时，可通过变化过梁尺寸调节。

多层砌体建筑为增强房屋整体性应设置圈梁，具体见"项目 2 圈梁与构造柱施工"。

3)构造芯柱

为增强砌体结构房屋的整体性，常需在转角处、内外墙交接处设置构造柱或芯柱。芯柱是利用空心砌块的孔洞做成。小砌块墙体的孔洞内浇灌混凝土称为素混凝土芯柱；小砌块墙体的孔洞内插有钢筋并浇灌混凝土称为钢筋混凝土芯柱。具体做法见 3.2.1 节。

子项 3.2 施工指导

3.2.1 施工技术要求与要点

1)施工技术要求

(1)混凝土小型空心砌块墙的施工工艺

混凝土小型空心砌块墙的施工工艺如图 3.3 所示。

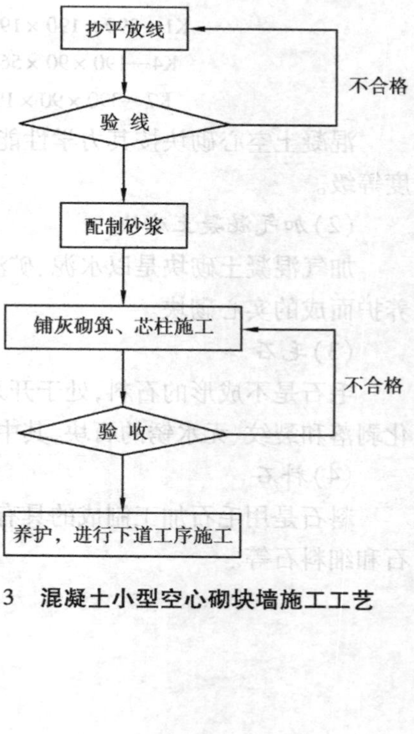

图 3.3 混凝土小型空心砌块墙施工工艺

小砌块墙施工顺序与砖墙一样，砌筑时，上皮小砌块的空洞应与下皮小砌块的空洞对齐，因为上下皮小砌块的壁和肋能够较好地传递竖向荷载，保证了砌体的整体性和强度；同时，上下皮小砌块还应错缝砌筑；为了保证水平灰缝砂浆饱满，小砌块的底面应该朝上砌筑。以上三点总结为对孔、错缝、反砌。

(2)大中型砌块施工的主要工艺

大中型砌块施工的主要工艺：铺灰→砌块吊装就位→校正→灌缝→镶砖。

砌块的安装通常采取两种方案：一种是用轻型塔式起重机进行运输，用台灵架吊装砌块，此种方法适用于工程量大的建筑；另一种是用井架进行材料的垂直运输，用砌块车进行水平运输，台灵架吊装砌块，此种方法适用于工程量小的房屋。

校正：砌块吊装就位后，用托线板检查砌块的垂直度，拉准线检查水平度，再用撬棍、楔块调整偏差。

灌缝：灌竖缝时，先用夹板在墙体内外夹住，然后灌浆，再用竹片或铁棒捣实。当砂浆吸水后，用刮缝板把缝刮齐。

镶砖：当砌块间出现较大的竖缝或者过梁找平时，需要镶砖。镶砖工作在砌块校正后完成，镶砖时要注意灌实竖缝。

(3)料石基础的施工工艺

料石基础通常采用毛料石或粗料石砌筑，有条形基础和独立基础两类，断面有矩形和阶梯形两种。

料石基础的第一皮石块应坐浆丁砌，以上各层可按一顺一丁砌筑。阶梯形料石基础，上级阶梯的料石至少压砌下级阶梯料石的1/3，如图3.4所示。

料石基础转角处和交接处应同时砌筑，如果不能同时砌筑应该留斜槎。

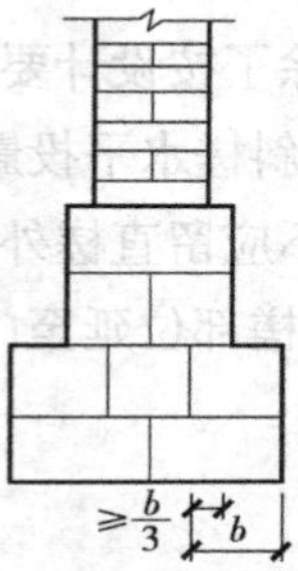

图3.4 阶梯形料石基础

2)施工要点

(1)混凝土小型空心砌块墙体施工要点

施工时所用砌块的龄期不应小于28 d，砌筑时不需要对小砌块浇水湿润。

小砌块的墙体转角和内外交接处应同时砌筑，纵横墙交错搭接。外墙转角处应使小砌块隔皮露端面；空心砌块墙的T字交接处，应隔皮使横墙砌块端面露头。当该处无芯柱时，应在纵墙上交接处砌两块一孔半的辅助规格砌块，隔皮砌在横墙露头砌块下，其半孔应位于中间。当该处有芯柱时，应在纵墙上交接处砌一块三孔大规格砌块，砌块的中间孔正对横墙露头砌块靠外的孔洞，所有露端面应用水泥砂浆抹平。如图3.5所示。

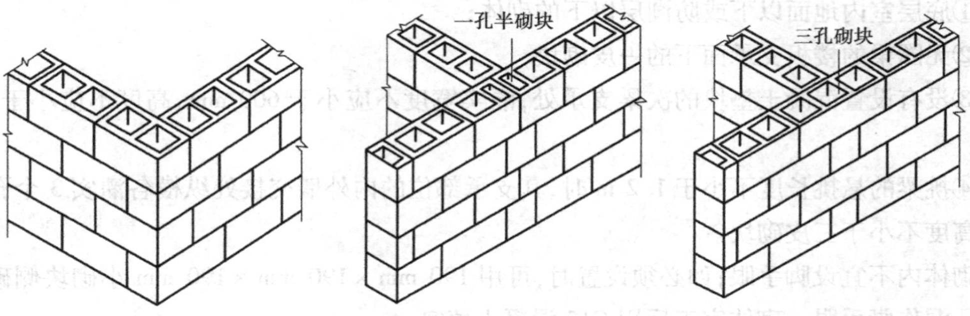

图3.5 混凝土小型空心砌块墙体转角和T字交接砌法示意

(a)混凝土空心砌块墙转角砌法；(b)T字交接处砌法(无芯柱)；(c)T字交接处砌法(有芯柱)

砌块的砌筑应遵循"对孔、错缝、反砌"的规则进行。上下皮小砌块竖向灰缝相互错开190 mm。个别情况无法对孔时，普通混凝土小砌块错缝长度不应小于90 mm，轻骨料混凝土小

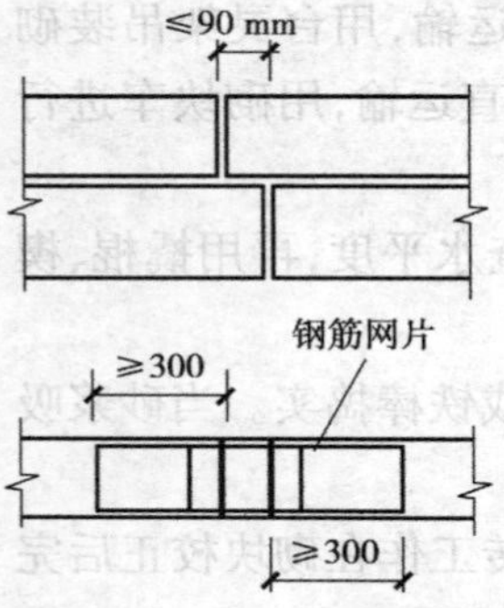

图 3.6　灰缝中的拉结筋

砌块错缝长度不应小于 120 mm，若不能保证此规定，应在水平灰缝中设置不少于 2 根直径不小于 4 mm 的焊接钢筋网片，钢筋网片每端均为超过该垂直灰缝，超过长度不应小于 300 mm，如图 3.6 所示。

砌块要逐块铺砌，并采用满铺、满挤法。灰缝应横平竖直、厚薄均匀，所有灰缝应铺满砂浆；水平灰缝和竖向灰缝的砂浆饱满度按净面积计算不得低于 90%，砌筑中不得出现瞎缝和透明缝。当缺少辅助规格的小砌块时，砌体通缝不得超过两皮砌体。承重墙体严禁使用断裂砌块；需移动砌体中的砌块或砌块被撞动时，应重新铺砌。砌块的日砌筑高度一般控制在 1.5 m 或一步架内。

除了按设计要求留置门窗洞口外，不应留置施工缝。小砌块砌体的临时间断处应砌成斜槎，斜槎水平投影长度不应小于斜槎高度。如果留斜槎有困难，除外墙转角处及抗震设防地区不应留直槎外，可从砌面伸出 200 mm 砌成阴阳槎，并每三皮砌块设拉结筋或者钢筋网片，接槎部位延至门窗洞口，如图 3.7 所示。

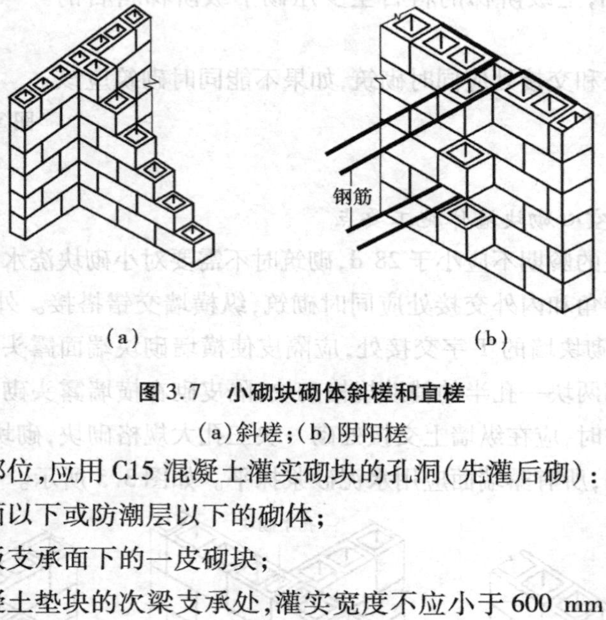

图 3.7　小砌块砌体斜槎和直槎

(a)斜槎；(b)阴阳槎

在墙体的下列部位，应用 C15 混凝土灌实砌块的孔洞(先灌后砌)：

①底层室内地面以下或防潮层以下的砌体；

②无圈梁的楼板支承面下的一皮砌块；

③没有设置混凝土垫块的次梁支承处，灌实宽度不应小于 600 mm，高度不应小于一皮砌块；

④挑梁的悬挑长度不小于 1.2 m 时，其支承部位的内外墙交接处纵横各灌实 3 个孔洞，灌实高度不小于三皮砌块。

砌体内不宜设脚手眼；如必须设置时，可用 190 mm × 190 mm × 190 mm 小砌块侧砌，利用其孔洞作脚手眼。砌体完工后用 C15 混凝土填实。

砌块砌筑时一定要跟线，并随时检查，做到随砌随查随纠正。

(2)构造芯柱施工要点

①小砌块砌体的下列部位宜设置芯柱：

a. 在外墙转角、楼梯间四角的纵横墙交接处的3个孔洞，宜设置素混凝土芯柱；

b. 5层及5层以上房屋，宜在上述部位设置钢筋混凝土芯柱。

②芯柱截面不小于120 mm×120 mm，宜用不低于C20细石混凝土浇灌。

③钢筋混凝土芯柱每孔不应小于1Φ12带肋钢筋，底部应伸入室内地坪下500 mm或与基础圈梁锚固，顶部应与屋盖圈梁锚固。

④芯柱柱脚应留设清扫口，砌至要求标高后，应及时清理芯柱孔内壁及芯柱孔内掉落的砂浆等杂物。

⑤砌筑砂浆强度达到1 MPa时方可浇灌芯柱混凝土，浇灌芯柱混凝土前应清除孔洞内砂浆杂物，并用水冲洗，先注入50 mm与混凝土相同的不含粗骨料水泥砂浆，再分层、连续浇筑，不得留施工缝。振捣时宜选用微型行星式高频振动棒。芯柱混凝土坍落度不小于90 mm。

⑥芯柱应沿房屋全高贯通，并与各层圈梁整体现浇。芯柱处沿墙高每隔400 mm应设Φ4钢筋网片拉结，每边伸入墙体不小于600 mm，如图3.8所示。

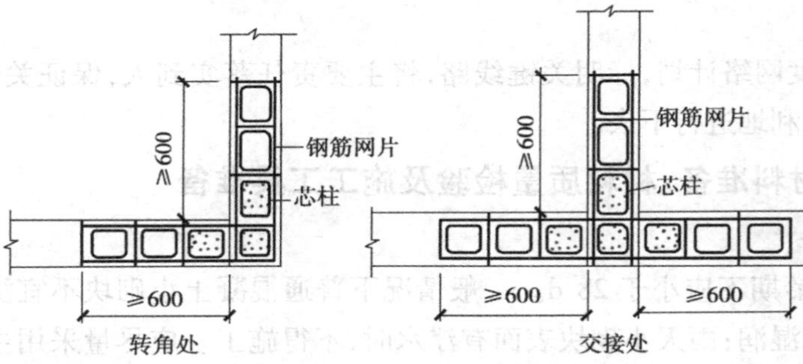

图3.8 钢筋混凝土芯柱处拉结筋

(3) 中型砌块墙体施工要点

中型砌块墙体的施工要点在于需要砌块排列。因为中型砌块体积、质量大，不能随意搬动，因此需要吊装。为了指导吊装，在施工前就必须根据工程特点绘制墙体的砌块排列图。

砌块排列图用立面表示，每一面墙都要绘制一张砌块排列图，说明墙面砌块排列的形式及各种规格砌块的数量。同时标出楼板、大梁、过梁、楼梯孔洞等位置。若设计无规定，砌块排列(图3.9)应遵循下列原则：

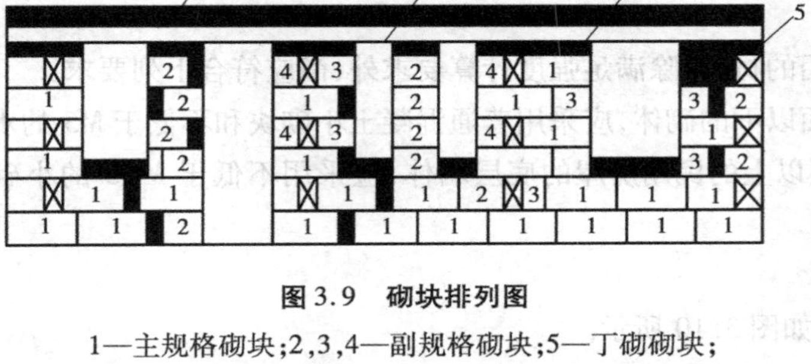

图3.9 砌块排列图

1—主规格砌块；2,3,4—副规格砌块；5—丁砌砌块；

6—顺砌砌块；7—过梁；8—镶砖；9—圈梁

①尽量使用主规格砌块，应占总量的75%～80%。

②砌块应错缝搭砌，搭砌长度不得小于块高的1/3，也不应小于150 mm。搭接长度不足时，应在水平灰缝内设2 Φ4 的钢丝网片或拉结筋。

③局部必须镶砖时，应尽量使镶砖的数量达到最低限度，镶砖部分应分散布置。

3.2.2 施工现场准备、材料及机具准备

1）技术准备及施工现场准备

①检查规划红线桩，引出控制桩，建立现场测量控制网，并且校核，做到准确无误。

②组织技术人员熟悉施工图纸，领会设计意图，进行图纸会审和图纸设计交底，并做好施工技术交底。

③编制施工图预算，做好供材分析，提出各种材料的需求量汇总表。

④编制施工组织设计，根据该工程特点编制具有针对性的技术方案和安全方案。

⑤组织人员落实好原材料的订购计划和供应计划，做好门窗等半成品的供求计划及相应的各类技术文件。

⑥制订施工进度网络计划，标明关键线路，将主要责任落实到人，保证关键工序的顺利进行，使网络计划顺利地进行下去。

2）工程使用材料准备、材料质量检验及施工工具准备

（1）*砌块的准备*

所用砌块产品龄期不应小于28 d。一般情况下普通混凝土小砌块不宜浇水，但天气炎热时，可以稍加喷水湿润；雨天小砌块表面有浮水时，不得施工。应尽量采用主规格小砌块，砌块的强度等级应符合设计要求，使用前还应清除小砌块表面污物，特别是承重墙用的小砌块应该完整无破损。

（2）*砌筑砂浆*

小砌块砌筑宜选用专用的《混凝土小型空心砌块砌筑砂浆》（JC 860—2008）。当采用非专用砂浆时，除按《砌体结构设计规范》（GB 50003—2011）要求控制外，宜采取改善砂浆粘结性的措施。

砂浆应按照设计要求的砂浆品种、强度进行配制。采用机械搅拌，使砂浆具有较好的和易性和保水性，搅拌要均匀，随拌随用，拌成后及使用时砂浆应装入灰槽或者灰桶中，以避免失水。

一般砌体所用的材料，除满足强度计算要求外，尚应符合下列要求：

①对室内地面以下的砌体，应采用普通混凝土小砌块和不低于M5的水泥砂浆。

②5层及5层以上的民用房屋的底层墙体，应采用不低于MU5的小砌块和M5的混合砂浆。

（3）*施工机具*

①砌块夹具，如图3.10所示。

②钢丝绳索具，如图3.11所示。

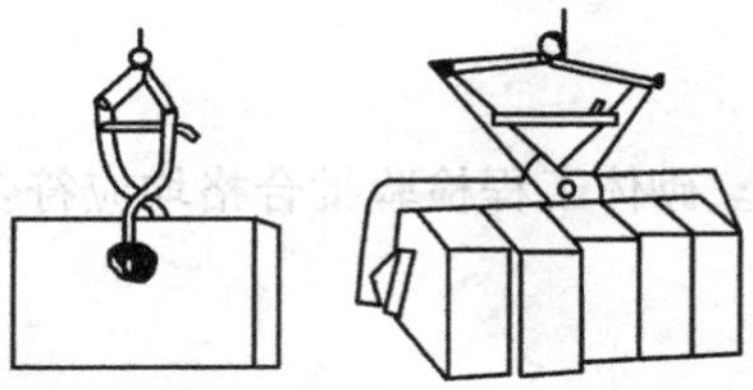

(a) (b)

图 3.10 砌块夹具

(a)单块夹;(b)多块夹

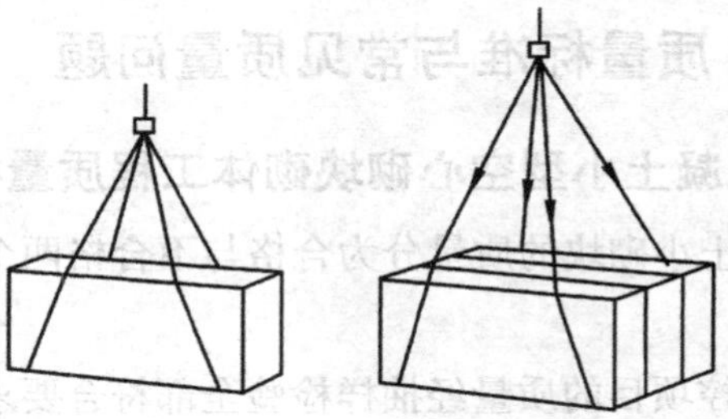

(a) (b)

图 3.11 索具

(a)单块索;(b)多块索

③运输小车,用做水平运输用。

④台灵架(图 3.12),由起重拔杆、支架、底盘和卷扬机等组成,用于安装砌块。

⑤其他工具。砌筑砌块、镶砖、铺灰缝和灌竖缝砂浆可采用瓦刀、铁板、竹片、靠尺和灌缝夹板。

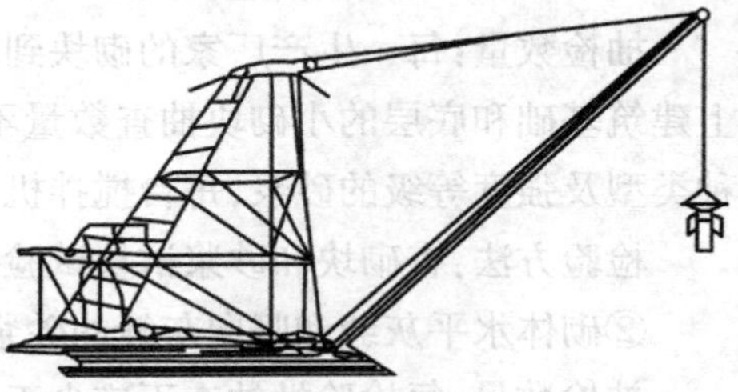

图 3.12 台灵架

子项 3.3 质量检测

3.3.1 施工安全技术

①建立安全生产责任制,对进场的工人做好安全技术交底。

②在操作之前必须检查操作环境是否符合安全要求,道路是否畅通,机具是否完好牢固,安全设施和防护用品是否齐全等,经检查符合要求后才可施工。

③施工期间,必须按要求佩戴劳动保护用品,同时戴好安全帽、系好安全带。作业层及操作面上,必须设置安全防护设施。

④墙身砌体高度超过地坪 1.2 m 以上,必须及时搭设好脚手架,不准用不稳固的工具或物体在脚手板面上垫高工作。高处操作时要挂好安全带,安全带挂靠地点应牢固。脚手架上堆料量不得超过规定荷载。

⑤安装砌块时,不准站在墙上操作和在墙上设置支撑缆绳等。

⑥使用于垂直运输的吊笼、绳索具等必须满足负荷要求,牢固无损,并须经常检查。

⑦冬季施工时,如果脚手架上有冰霜或积雪,应先清除,后施工。

⑧雨天施工时,应做好防雨措施,防止雨水冲走砂浆,导致砌体倒塌。

⑨已经就位的砌块必须立即进行竖缝灌浆;对稳定性较差的窗间墙、独立柱和挑出墙面较多的部位,应加临时支撑以保证其稳定性。

⑩脚手架的操作面必须满铺脚手板,不得有探头板。

⑪井架、龙门架不得载人。

3.3.2 质量标准与常见质量问题

1) 混凝土小型空心砌块砌体工程质量标准

混凝土小砌块的质量分为合格与不合格两个等级。砌体工程检验批合格均应符合下列规定：

①主控项目的质量经抽样检验全部符合要求；

②一般项目的质量经抽样检验应有80%及以上符合要求或偏差值在允许偏差范围内。

(1) 主控项目

①小砌块和砂浆的强度等级必须符合设计要求。

抽检数量：每一生产厂家的砌块到现场后，每一万块小砌块至少抽查1组。用于多层以上建筑基础和底层的小砌块抽查数量不少于2组。每一检验批且不超过250 m^3 砌体的各种类型及强度等级的砂浆，每台搅拌机至少抽查1次。

检验方法：查砌块和砂浆试块试验报告。

②砌体水平灰缝和竖向灰缝的砂浆饱满度，按净面积计算不得低于90%。

抽检数量：每检验批抽查不应少于5处。

检验方法：用专用百格网检查小砌块与砂浆的粘结痕迹面积。每处检测3块砌块，取其平均值。

③混凝土小型空心砌块墙体的转角处和交接处应同时砌筑。对不能同时砌筑而又必须留置的临时间断处应砌成斜槎，斜槎水平投影长度不小于斜槎高度。

抽检数量：每检验批抽查不应少于5处。

检验方法：观察检查。

④ 小砌块砌体的芯柱在楼盖处应贯通，不得削弱芯柱截面尺寸；芯柱混凝土不得漏灌。

抽检数量：每检验批抽查不应少于5处。

检验方法：观察检查。

(2) 一般项目

①小砌块砌体的灰缝应横平竖直、厚薄均匀。水平灰缝和竖向灰缝厚度宜为10 mm，但不应小于8 mm，也不应大于12mm。

抽检数量：每检验批抽查不应少于5处。

检验方法：水平灰缝厚度用尺量5皮小砌块的高度折算；竖向灰缝宽度用尺量2 m砌体长度折算。

②小砌块砌体一般尺寸的允许偏差及检验应符合表3.1的规定。

表3.1 小砌块砌体尺寸、位置的允许偏差及检验

项 次	项 目	允许偏差/mm	检验方法	抽检数量
1	轴线位移	10	用经纬仪和尺或用其他测量仪器检查	承重墙、柱全数检查

续表

<table>
<tr><th>项　次</th><th colspan="3">项　目</th><th>允许偏差/mm</th><th>检验方法</th><th>抽检数量</th></tr>
<tr><td>2</td><td colspan="3">基础、墙、柱顶面标高</td><td>±15</td><td>用水准仪和尺检查</td><td>不应少于5处</td></tr>
<tr><td rowspan="3">3</td><td rowspan="3">墙面垂直度</td><td colspan="2">每层</td><td>5</td><td>用2 m托线板检查</td><td>不应少于5处</td></tr>
<tr><td rowspan="2">全高</td><td>≤10 m</td><td>10</td><td rowspan="2">用经纬仪、吊线和尺或其他测量仪器检查</td><td rowspan="2">外墙全部阳角</td></tr>
<tr><td>>10 m</td><td>20</td></tr>
<tr><td rowspan="2">4</td><td rowspan="2">表面平整度</td><td colspan="2">清水墙、柱</td><td>5</td><td rowspan="2">用2 m靠尺和楔形塞尺检查</td><td rowspan="2">不应少于5处</td></tr>
<tr><td colspan="2">混水墙、柱</td><td>8</td></tr>
<tr><td rowspan="2">5</td><td rowspan="2">水平灰缝平直度</td><td colspan="2">清水墙</td><td>7</td><td rowspan="2">拉5 m线和尺检查</td><td rowspan="2">不应少于5处</td></tr>
<tr><td colspan="2">混水墙</td><td>10</td></tr>
<tr><td>6</td><td colspan="3">门窗洞口高、宽(后塞口)</td><td>±10</td><td>用尺检查</td><td>不应少于5处</td></tr>
<tr><td>7</td><td colspan="3">外墙下下窗口偏移</td><td>20</td><td>以底层窗口为准,用经纬仪或吊线检查</td><td>不应少于5处</td></tr>
<tr><td>8</td><td colspan="3">清水墙游丁走缝</td><td>20</td><td>以每层第一皮砖为准,用吊线和尺检查</td><td>不应小少5处</td></tr>
</table>

2)影响小砌块砌体工程质量的因素

(1)*砌体砂浆不饱满*

①现象。小砌块砌体水平灰缝和竖向灰缝按净面积计算砂浆饱满度达不到90%,且存在透明缝、假缝。

②原因分析:

a. 砂浆在拌制时稠度与粘结性控制不好,或在砌筑过程中有泌水现象的砂浆未再次拌和就使用,影响铺灰均匀,且砂浆与砌块接触不充分。

b. 铺灰过长或砌筑速度慢,使砂浆水分被吸干,砂浆干结、粘性差,后砌的块材底部砂浆难以达到饱满程度。

c. 轻骨料小砌块比普通小砌块吸水率高,砌筑前未提前浇水湿润,砂浆失水过快。

d. 由于小砌块壁肋厚度仅为25~35 mm,如铺灰还是沿用传统方法,未采用套板法或其他方法,则铺灰的面积本身达不到90%。

e. 仅对小砌块顶面两端拉灰,未将凹槽内灌满砂浆,造成竖缝实际为假缝(空头缝),削弱砌体水平抗拉能力。

f. 单排孔砌块未认真做到孔对孔,肋对肋,造成竖缝与下皮肋错位,影响竖缝砂浆饱满。

g. 小砌块砌筑时未将壁肋厚的一面朝上反砌,减少了铺浆面积。

(2)*墙体裂缝*

①由于地基石均匀下沉引起的墙体裂缝。

②由于温度变化引起的墙体裂缝。

子项 3.4　实训任务

3.4.1　实训项目指导

(1)项目

安排学生砌筑如图 3.13 所示 L 形砌块墙,墙高 1 m,学生分组进行。

(2)材料及工具

主规格和辅助规格小砌块,黏土砂浆或石灰砂浆,铺灰器、橡皮锤、灰铲、灰镏子、钢丝钳子、清灰勺等。

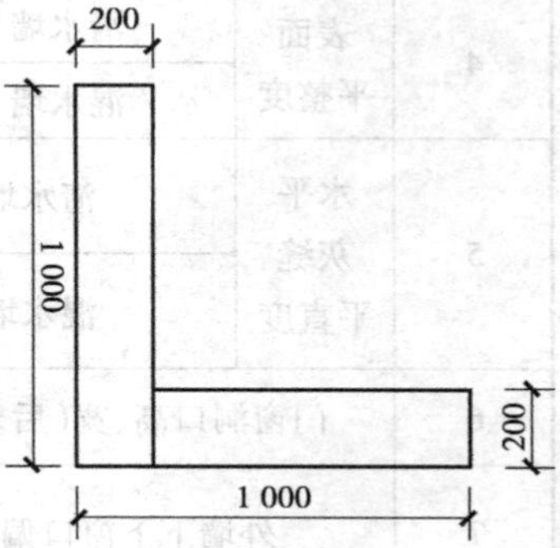

图 3.13　L 形砌块墙

(3)实训步骤

①抄平放线。挑选砌块,进行尺寸和外观检查。砌筑前先在场地上沿墙走向,按墙宽度用 1∶2水泥砂浆或 C15 细石混凝土找平砌筑面。按砌块尺寸和灰缝厚度计算砌块皮数和排数,首层预摆,立皮数杆、拉线,准备砌筑。

②拌制砂浆。混凝土小型砌块砌筑砂浆应具有高粘结性,良好的流动性、保水性,满足设计强度等级。砂浆宜采用机械搅拌,搅拌时间不少于 2 min。砂浆稠度应控制在 50 ~ 70 mm为宜。砂浆应随拌随用。

③砌筑墙体。墙体转角处应同时砌筑,纵横墙交错搭接。外墙转角处应使小砌块隔皮露端面,砌块的砌筑应遵循"对孔、错缝、反砌"的规则进行。上下皮小砌块竖向灰缝相互错开 190 mm。砌块要逐块铺砌,并采用满铺、满挤法。灰缝应横平竖直、厚薄均匀,所有灰缝应铺满砂浆;水平灰缝和竖向灰缝的砂浆饱满度按净面积计算不得低于 90%。砌筑中不得出现瞎缝和透明缝。

④质量检测。各组交换检测。

⑤清理场地。

(4)实训指导教师示范

(5)学生进行操作

3.4.2　成绩评定参考方法

项目评价包括学习过程评价和实操过程评价两个方面,总分为 100 分。其中,学习过程评价占项目总分的 40%,由教师评价和学生互评同时进行,取其平均分,见表 3.2;实操过程评价占项目总分的 60%,由自我评价和学生互评同时进行,取其平均分,见表 3.3。

表 3.2　学习过程评价得分表

	项　次	分项内容	评分标准	得　分
学习过程评分	1	课堂到课及纪律遵守情况	40	
	2	独立分析问题和解决问题的能力	30	
	3	自我学习能力	30	
	合　计		100	

表3.3 混凝土小型空心砌块工程质量检验批验收、评定记录

工程名称			小组成员		
	检查项目	质量标准规定	质量检查情况	自评	互评
主控项目	1. 砌块强度等级	设计要求 MU			
	2. 砂浆强度等级	设计要求 M			
	3. 混凝土强度等级	设计要求 C			
	4. 砌筑留槎	见3.3.2			
	5. 转角、交接处	见3.3.2			
	6. 施工洞口砌法	见3.3.2			
	7. 芯柱贯通楼盖	见3.3.2			
	8. 芯柱混凝土灌实	见3.3.2			
	9. 水平缝饱满度	≥90%			
	10. 竖向缝饱满度	≥90%			
一般项目	1. 轴线位移	≤10 mm			
	2. 垂直度	≤5 mm			
	3. 表面平整度	清水 ≤5 mm			
		混水 ≤8 mm			
	4. 灰缝厚度、宽度	8 ~ 12 mm			
	5. 顶面标高	±15 mm 以内			
	6. 门窗洞口	±10 mm 以内			
	7. 窗口偏移	≤20 mm			
	8. 水平灰缝平整度	清水 ≤7 mm			
		混水 ≤10 mm			
自评结论		本检验批实测____点,符合要求____点,符合要求率____%。不符合要求点的最大偏差为规定值的____%。评定为:合格 □ 优良 □ 评定人: 年 月 日			
互评结论		本检验批实测____点,符合要求____点,符合要求率____%。不符合要求点的最大偏差为规定值的____%。评定为:合格 □ 优良 □ 评定人: 年 月 日			
平均分		指导教师: 年 月 日			

子项 3.5 知识拓展——配筋墙体简介

所谓配筋墙体就是由配置钢筋的砌体作为主要受力构件的墙体。

3.5.1 配筋砖砌体的构造和施工要点

1）配筋砖砌体构造

配筋砖砌体有网状配筋砖砌体、组合砖砌体、构造柱和砖组合墙砌体等几种形式。

(1) *网状配筋砖砌体*

网状配筋砖砌体实际是在烧结普通砖砌体的水平灰缝中配置钢筋网，如图 3.14 所示。所以砂浆强度等级不应低于 M7.5，上下保护层厚度不小于 2 mm。采用钢筋直径一般为 3 ~ 4 mm，钢筋网中的钢筋间距一般不应大于 120 mm，也不应小于 30 mm。钢筋网的间距不应大于 5 皮砖，也不应大于 400 mm。也可以采用连续弯曲钢筋代替钢筋网。

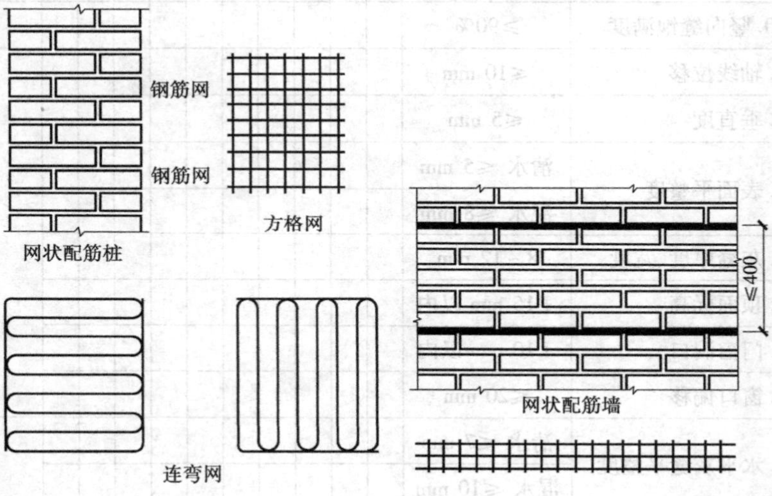

图 3.14 网状配筋砖砌体

(2) *面层和砖组合砌体*

面层和砖组合砌体有组合砖柱、组合砖垛、组合砖墙。组合砖砌体是由烧结普通砖砌体、混凝土或砂浆面层以及钢筋等组成。其构造基本要求为：

①混凝土面层所用混凝土强度等级宜采用 C20，其厚度应大于 45 mm。

②砂浆面层所用水泥砂浆强度等级不得低于 M7.5，其厚度为 30 ~ 40 mm。

③竖向受力钢筋宜采用 HPB300 级钢筋，当采用混凝土面层，也可采用 HRB335 级钢筋。受力钢筋的直径不应小于 8 mm。钢筋的净间距不应小于 30 mm。受拉钢筋的配筋率不应小于 0.1%。受压钢筋一侧的配筋率，当为砂浆面层时，不宜小于 0.1%；当为混凝土面层时，不宜小于 0.2%。

④箍筋的直径不宜小于 4 mm 及 0.2 倍的受压钢筋直径，并不宜大于 6 mm；箍筋的间距不应大于 20 倍受压钢筋的直径及 500 mm，并不应小于 120 mm。

⑤当组合砖砌体一侧受力钢筋多于 4 根时，应设置附加箍筋或拉结钢筋。

⑥对于组合砖墙,应采用穿通墙体的拉结钢筋作为箍筋,同时设置水平分布钢筋。水平分布钢筋竖向间距及拉结钢筋的水平间距均不应大于 500 mm,如图 3.15 所示。

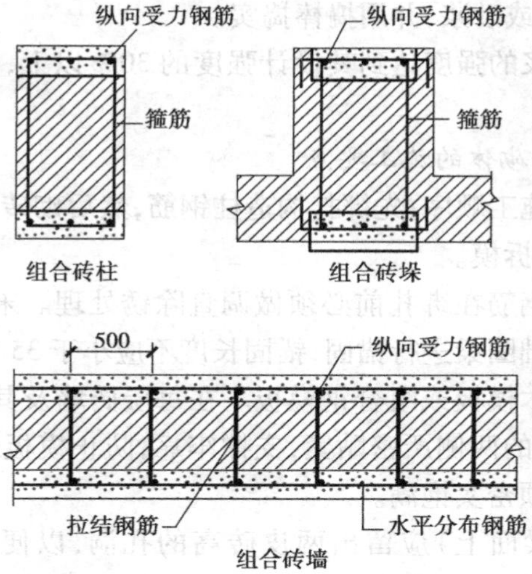

图 3.15 组合砖砌体

(3)构造柱和砖组合墙砌体

构造柱和砖组合墙砌体由钢筋混凝土构造柱、普通烧结砖和拉结筋组成,如图 3.16 所示。所用普通黏土砖强度等级不低于 MU7.5,砂浆强度不应低于 M5。构造柱截面不应小于 240 mm × 240 mm,且厚度不小于墙厚,所用混凝土强度等级不低于 C20。砖砌体与构造柱连接处砌成马牙槎,沿墙高每隔 500 mm 设 2 ϕ6 拉结筋,每边深入墙内不小于 600 mm。

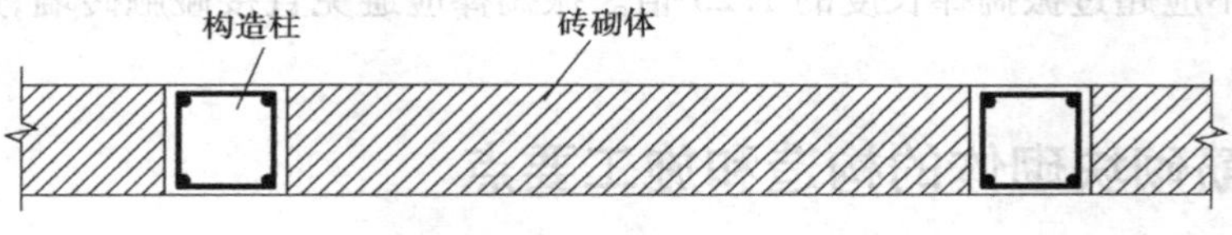

图 3.16 构造柱和砖组合墙

2)配筋砖砌体施工要点

(1)网状配筋砖砌体施工要点

钢筋网应按设计规定制作成型。砖砌体部分用常规方法砌筑。在配置钢筋网的水平灰缝中,应先铺一半厚的砂浆层,放入钢筋网后再铺一半厚砂浆层,使钢筋网居于砂浆层厚度中间。钢筋网四周应有砂浆保护层。

配置钢筋网的水平灰缝厚度:当用方格网时,水平灰缝厚度为 2 倍钢筋直径加 4 mm;当用连弯网时,水平灰缝厚度为钢筋直径加 4 mm。确保钢筋上下各有 2 mm 厚的砂浆保护层。网状配筋砖砌体外表面宜用 1∶1水泥砂浆勾缝或进行抹灰。

(2)组合砖砌体施工要点

组合砌体应按下列顺序施工:

①砌筑砖砌体,同时按照箍筋或拉结钢筋的竖向间距,在水平灰缝中铺置箍筋或拉结钢筋。

②绑扎钢筋。将纵向受力钢筋与箍筋绑牢;在组合砖墙中,将纵向受力钢筋与拉结钢筋

绑牢,将水平分布钢筋与纵向受力钢筋绑牢。

③在面层部分的外围分段支设模板,每段支模高度宜在500 mm以内,浇水润湿模板及砖砌体面,分层浇灌混凝土或砂浆,并用捣棒捣实。

④待面层混凝土或砂浆的强度达到其设计强度的30%以上,方可拆除模板。如有缺陷应及时修整。

(3)构造柱和砖组合墙砌体的施工要点

构造柱和砖组合墙的施工顺序:先绑扎构造柱钢筋,然后砌砖墙,墙体砌筑完后支模板,再浇构造柱的混凝土,最后拆模。

①构造柱的竖向受力钢筋在绑扎前必须做调直除锈处理。末端钢筋应做弯钩,并把底层构造柱的竖向钢筋与基础圈梁进行锚固,锚固长度不应小于35倍钢筋直径。

②构造柱的模板可用木模板或组合钢模板。在每层砖墙及其马牙槎砌好后,应立即支设模板,模板必须与所在墙的两侧严密贴紧,支撑牢靠,防止模板缝漏浆。构造柱与砖墙连接的马牙槎内的混凝土必须密实饱满。

③构造柱的底部(圈梁面上)应留出两皮砖高的孔洞,以便清除模板内的杂物,清除后封闭。

④构造柱浇灌混凝土前,必须将马牙槎部位和模板浇水湿润,将模板内的落地灰、砖渣等杂物清理干净,并在结合面处注入适量与构造柱混凝土相同的不含粗骨料水泥砂浆。

⑤构造柱的混凝土浇灌可以分段进行,每段高度不宜大于2 m。在施工条件较好并能确保混凝土浇灌密实时,亦可每层一次浇灌。

⑥捣实构造柱混凝土时,宜用插入式混凝土振动器,应分层振捣,振动棒随振随拔,每次振捣层的厚度不应超过振捣棒长度的1.25倍。振捣棒应避免直接碰触砖墙,严禁通过砖墙传振。

3.5.2 配筋砌块砌体的构造和施工要点

1)配筋砌块砌体构造

配筋砌块砌体有配筋砌块剪力墙、配筋砌块柱。

(1)配筋砌块剪力墙

配筋砌块剪力墙所用砌块强度等级不应低于MU10;砌筑砂浆强度等级不应低于M7.5;灌孔混凝土强度等级不应低于C20。

配筋砌块剪力墙的构造配筋应符合下列规定:

①应在墙的转角、端部和孔洞的两侧配置竖向连续的钢筋,钢筋直径不宜小于12 mm。

②应在洞口的底部和顶部设置不小于2 ϕ10的水平钢筋,其伸入墙内的长度不宜小于40d和600 mm(d为钢筋直径)。

③应在楼(屋)盖的所有纵横墙处设置现浇钢筋混凝土圈梁,圈梁的宽度和高度宜等于墙厚和砌块高,圈梁主筋不应少于4 ϕ10,圈梁的混凝土强度等级不宜低于同层混凝土砌块强度等级的2倍或该层灌孔混凝土的强度等级,也不应低于C20。

④剪力墙其他部位的竖向和水平钢筋的间距不应大于墙长、墙高的1/3,也不应大于900 mm。

⑤剪力墙沿竖向和水平方向的构造配筋率均不宜小于0.07%。

(2)配筋砌块柱

配筋砌块柱所用材料的强度要求同配筋砌块剪力墙。配筋砌块柱截面边长不宜小于400 mm,柱高度与柱截面短边之比不宜大于30。

配筋砌块柱的构造配筋应符合下列规定:

①柱的纵向钢筋的直径不宜小于12 mm,数量不少于4根,全部纵向受力钢筋的配筋率不宜小于0.2%。

②箍筋设置应根据下列情况确定:

a.当纵向受力钢筋的配筋率大于0.25%,且柱承受的轴向力大于受压承载力设计值的25%时,柱应设箍筋;当配筋率小于等于0.25%时,或柱承受的轴向力小于受压承载力设计值的25%时,柱中可不设置箍筋。

b.箍筋直径不宜小于6 mm。

c.箍筋的间距不应大于16倍的纵向钢筋直径、48倍箍筋直径及柱截面短边尺寸中较小者。

d.箍筋应做成封闭状,端部应有弯钩。

e.箍筋应设置在水平灰缝或灌孔混凝土中。

2)配筋砌块砌体施工要点

配筋砌块砌体施工前,应按设计要求,将所配置钢筋加工成型,堆置于配筋部位的近旁。砌块的砌筑应与钢筋设置互相配合。砌块的砌筑应采用专用的小砌块砌筑砂浆和专用的小砌块灌孔混凝土。钢筋的设置应注意以下几点:

(1)水平受力钢筋(网片)的锚固和搭接长度

①在凹槽砌块混凝土带中钢筋的锚固长度不宜小于$30d$,且其水平或垂直弯折段的长度不宜小于$15d$和200 mm;钢筋的搭接长度不宜小于$35d$。

②在砌体水平灰缝中,钢筋的锚固长度不宜小于$50d$,且其水平或垂直弯折段的长度不宜小于$20d$和150 mm;钢筋的搭接长度不宜小于$55d$。

③在隔皮或错缝搭接的灰缝中,钢筋的锚固长度为$50d+2h$(d为灰缝受力钢筋直径,h为水平灰缝的间距)。

(2)钢筋的最小保护层厚度

①灰缝中钢筋外露砂浆保护层不宜小于15 mm。

②位于砌块孔槽中的钢筋保护层,在室内正常环境中不宜小于20 mm,在室外或潮湿环境中不宜小于30 mm。

③对安全等级为一级或设计使用年限大于50年的配筋砌体,钢筋保护层厚度应比上述规定至少增加5 mm。

(3)钢筋的弯钩

钢筋骨架中的受力光圆钢筋,应在钢筋末端作弯钩;在焊接骨架、焊接网以及受压构件中,可不作弯钩;绑扎骨架中的受力变形钢筋,在钢筋的末端可不作弯钩。弯钩应为180°弯钩。

(4)钢筋的间距

①两平行钢筋间的净距不应小于25 mm。

②柱和壁柱中的竖向钢筋的净距不宜小于40 mm(包括接头处钢筋间的净距)。

项目小结

本项目介绍了砌块与石砌体结构常见的材料类型、常用的施工机具与机械及其具体施工检测的相关知识;重点学习了混凝土小型空心砌块墙的施工过程,从施工准备、施工工艺、安全管理到施工验收与检测,使学生具有合理地组织工人进行砌块砌体工程的施工能力,能够对工程质量进行过程控制和检测。通过实训操作,使学生在学习和实操过程中,培养其吃苦耐劳、团结合作的精神及安全责任意识。最后在知识拓展子项中补充介绍了几种常见配筋墙体的构造与施工要点。

复习思考题

1. 什么是砌块?常见的砌块分类有哪些?
2. 简述混凝土小型空心砌块的施工工艺。
3. 简述构造芯柱的施工要点。
4. 中型砌块在绘制砌块排列图时应注意哪些原则?
5. 砌块砌筑应注意哪些安全事项?
6. 料石基础的砌筑形式有哪些?要点是什么?
7. 简要分析几种配筋砖砌体构造的特点。

项目 4

隔墙与填充墙施工

项目导读

- **基本要求** 熟悉隔墙和填充墙的材料要求、构造要求及施工要点；掌握框架填充墙的两种构造做法，并能进行质量检验；了解砌筑工程冬期施工。
- **重点** 填充墙与框架的连接。
- **难点** 框架填充墙的两种构造做法。

子项 4.1 知识准备

4.1.1 项目介绍

在房屋结构中，隔墙和填充墙的应用范围也很广泛。它们作为自承重墙，虽然没有承载能力的要求，但它们的材料选用、构造要求有哪些呢？学习之后试着在实训场地内完成某加气混凝土小型砌块填充墙的砌筑和质量检测。

与前 3 个项目雷同重复的内容在此不再赘述。

4.1.2 教学目标

知识目标：熟悉隔墙、填充墙所用砌筑材料，掌握隔墙、填充墙的构造要求，熟悉其质量验收标准。

能力目标：具有合理地组织工人进行两种墙体砌筑的能力，能够对工程质量进行过程控制和检测。

素质目标：培养吃苦耐劳的精神及严谨认真的工作作风。

4.1.3 隔墙与填充墙砌筑材料

非承重墙包括隔墙、填充墙、幕墙。凡分隔内部空间、其自重由楼板或梁承受的墙称为隔墙,设计上要求隔墙自重轻、厚度薄,有隔声和防火性能,便于拆卸,浴室、厕所的隔墙能防潮、防水等。在框架结构、剪力墙结构中砌筑的围护结构,被称为填充墙。而主要悬挂于外部骨架间的轻质墙,称为幕墙。填充墙、隔墙应分别采取措施与周边主体结构构件可靠连接,连接构造和嵌缝材料应能满足传力、变形、耐久和防护要求。

自承重墙宜选用轻质块体材料,常采用的是烧结空心砖、蒸压加气混凝土砌块和轻骨料混凝土小型空心砌块(简称小砌块)。空心砖及轻集料混凝土砌块的强度等级:MU10、MU7.5、MU5.0、MU3.5;砌筑砂浆的强度等级不宜低于 M5。

4.1.4 隔墙与填充墙构造要求

1)隔墙的构造做法

后砌的非承重隔墙应沿墙高每隔 500 ~ 600 mm 配置 2 ϕ6 拉结钢筋与承重墙或柱拉结,每边伸入墙内不应少于 500 mm;8 度和 9 度时,长度大于 5m 的后砌隔墙,墙顶尚应与楼板或梁拉结,独立墙肢端部及大门洞外宜设钢筋混凝土构造柱。

2)框架填充墙的构造做法

填充墙墙厚不应小于 90 mm。填充墙与框架的连接,可根据设计要求采用脱开或不脱开方法。有抗震设防要求时,宜采用填充墙与框架脱开的方法。

当填充墙与框架采用脱开的方法时,宜符合下列规定:

①填充墙两端与框架柱、填充墙顶面与框架梁之间留出不小于 20 mm 的间隙。

②填充墙端部应设置构造柱,柱间距宜不大于 20 倍墙厚且不大于 4 000 mm,柱宽度不小于 100 mm。柱竖向钢筋不宜小于ϕ10,箍筋宜为ϕ^R5,竖向间距不宜大于 400 mm。竖向钢筋与框架梁或其挑出部分的预埋件或预留钢筋连接,绑扎接头时不小于 $30d$,焊接时(单面焊)不小于 $10d$ (d 为钢筋直径)。柱顶与框架梁(板)应预留不小于 15 mm 的缝隙,用硅酮胶或其他弹性密封材料封缝。当填充墙有宽度大于 2 100 mm 的洞口时,洞口两侧应加设宽度不小于 50 mm 的单筋混凝土柱。

③填充墙两端宜卡入设在梁、板底及柱侧的卡口铁件内,墙侧卡口板的竖向间距不宜大于 500 mm,墙顶卡口板的水平间距不宜大于 1 500 mm。

④墙体高度超过 4 m 时,宜在墙高中部设置与柱连通的水平系梁。水平系梁的截面高度不小于 60 mm。填充墙高不宜大于 6 m。

⑤填充墙与框架柱、梁的缝隙可采用聚苯乙烯泡沫塑料板条或聚氨酯发泡材料充填,并用硅酮胶或其他弹性密封材料封缝。

当填充墙与框架采用不脱开的方法时,宜符合下列规定:

①沿柱高每隔 500 mm 配置 2 根直径 6 mm 的拉结钢筋(墙厚大于 240 mm 时配置 3 根直径 6 mm 的拉结钢筋),钢筋伸入填充墙长度不宜小于 700 mm,且拉结钢筋应错开截断,相距不宜小于 200 mm。填充墙墙顶应与框架梁紧密结合。顶面与上部结构接触处宜用一皮

砖或配砖斜砌楔紧。常用的拉结筋的留设方法有预埋铁件法、预埋拉结筋法、植筋法。

②当填充墙有洞口时，宜在窗洞口的上端或下端、门洞口的上端设置钢筋混凝土带。钢筋混凝土带应与过梁的混凝土同时浇筑，其过梁的断面及配筋由设计确定。钢筋混凝土带的混凝土强度等级不小于C20。当有洞口的填充墙尽端至门窗洞口边距离小于240 mm时，宜采用钢筋混凝土门窗框。

③填充墙长度超过5 m或墙长大于2倍层高时，墙顶与梁宜有拉结措施，墙体中部应加设构造柱。墙高超过4 m时，宜在墙高中部设置与柱连接的水平系梁；墙高超过6 m时，宜沿墙高每2 m设置与柱连接的水平系梁；梁的截面高度不小于60 mm。

子项4.2 施工指导

4.2.1 施工技术要求与要点

①砌筑施工时最好从顶层向下层砌筑。常温条件下填充墙每日的砌筑高度不宜超过1.8 m。

②墙体的质量要求同样可以概括为"横平竖直、灰浆饱满、上下错缝、接槎可靠"4个方面。

③蒸压加气混凝土砌块、轻骨料混凝土小型空心砌块不应与其他块体混砌，不同强度等级的同类砌块也不得混砌。但在窗台处和因安装门窗需要，在门窗洞口处两侧填充墙上、中、下部可采用其他块体局部嵌砌（如木或混凝土砖）；空心砌块在窗台顶面应做成混凝土压顶，以保证门窗框与砌体的可靠连接。对与框架柱、梁不脱开方法的填充墙，填塞填充墙顶部与梁之间缝隙可采用其他块体。

④填充墙砌体砌筑，应待承重主体结构检验批验收合格后进行。填充墙与承重主体结构间的空（缝）隙部位施工，应在填充墙砌筑14 d后进行。

⑤外墙砌筑中应注意灰缝饱满、密实，其竖缝应灌砂浆插捣密实。也可以在外墙面的装饰层采取适当的防水措施，如采用掺加3% ~5%防水剂的防水砂浆进行抹灰、面砖勾缝或外墙表面涂刷防水剂等，以确保外墙的防水效果。

4.2.2 施工现场准备及材料准备

①砌筑填充墙时，轻骨料混凝土小型空心砌块和蒸压加气混凝土砌块的产品龄期不应小于28 d，蒸压加气混凝土砌块的含水率宜小于30%。

②烧结空心砖、蒸压加气混凝土砌块、轻骨料混凝土小型空心砌块等的运输、装卸过程中，严禁抛掷和倾倒；进场后应按品种、规格堆放整齐，堆置高度不宜超过2 m。蒸压加气混凝土砌块在运输与堆放中应防止雨淋。

③吸水率较小的轻骨料混凝土小型空心砌块及采用薄灰砌筑法施工的蒸压加气混凝土砌块，砌筑前不应对其浇（喷）水浸润；在气候干燥炎热的情况下，对吸水率较小的轻骨料混凝土小型空心砌块宜在砌筑前喷水湿润。

④采用普通砌筑砂浆砌筑填充墙时，烧结空心砖、吸水率较大的轻骨料混凝土小型空心

砌块应提前 1 ~ 2 d 浇(喷)水湿润。蒸压加气混凝土砌块采用蒸压加气混凝土砌块砌筑砂浆或普通砌筑砂浆砌筑时,应在砌筑当天对砌块砌筑面喷水湿润,块体湿润程度宜符合下列规定:

a. 烧结空心砖的相对含水率为 60% ~70%;

b. 吸水率较大的轻骨料混凝土小型砌块、蒸压加气混凝土砌块的相对含水率为40% ~50%。

⑤在厨房、卫生间、浴室等处采用轻骨料混凝土小型空心砌块、蒸压加气混凝土砌块砌筑墙体时,墙底部宜现浇混凝土坎台等,其高度宜为 150 mm。

子项 4.3 质量检测

填充墙质量标准

(1) 主控项目

①烧结空心砖、小砌块和砌筑砂浆的强度等级应符合设计要求。

抽检数量:烧结空心砖每 10 万块为一验收批,小砌块每 1 万块为一验收批,不足上述数量时按一批计,抽检数量为 1 组。砂浆强度应以标准养护,龄期为 28 d 的试块抗压试验结果为准。每一检验批且不超过 250 m^3 砌体的各种类型及强度等级的砌筑砂浆,每台搅拌机应至少抽检 1 次。

检验方法:检查砖、小砌块进场复验报告和砂浆试块试验报告。

砌筑砂浆试块强度验收时,其强度合格标准应符合下列规定:同一验收批砂浆试块强度平均值应大于或等于设计强度等级值的 1.10 倍;同一验收批砂浆试块抗压强度的最小一组平均值应大于或等于设计强度等级值的 85%。

②填充墙砌体应与主体结构可靠连接,其连接构造应符合设计要求,未经设计同意,不得随意改变连接构造方法。每一填充墙与柱的拉结筋的位置超过一皮块体高度的数量不得多于 1 处。

抽检数量:每检验批抽查不应少于 5 处。

检验方法:观察检查。

③填充墙与承重墙、柱、梁的连接钢筋,当采用化学植筋的连接方式时,应进行实体检测。锚固钢筋拉拔试验的轴向受拉非破坏承载力检验值应为 6.0 kN。抽检钢筋在检验值作用下应基材无裂缝、钢筋无滑移宏观裂损现象;持荷 2 min 期间荷载值降低不大于 5%。抽检数量按表 4.1 确定。

检验方法:原位试验检查。

表 4.1 检验批抽检锚固钢筋样本最小容量

检验批的容量	样本最小容量	检验批的容量	样本最小容量
≤90	5	281 ~500	20
91 ~150	8	501 ~1 200	32
151 ~280	13	1 201 ~3 200	50

(2)一般项目

①填充墙砌体尺寸、位置的允许偏差及检验方法应符合表4.2的规定。

抽检数量：每检验批抽查不应少于5处。

表4.2　填充墙砌体尺寸、位置的允许偏差及检验方法

序号	项目		允许偏差/mm	检验方法
1	轴线位移		10	用尺检查
2	垂直度（每层）	≤3m	5	用2 m托线板或吊线、尺检查
		>3m	10	
3	表面平整度		8	用2 m靠尺和楔形尺检查
4	门窗洞口高、宽（后塞口）		±10	用尺检查
5	外墙上、下窗口偏移		20	用经纬仪或吊线检查

②填充墙砌体的砂浆饱满度及检验方法应符合表4.3的规定。

抽检数量：每检验批抽查不应少于5处。

表4.3　填充墙砌体的砂浆饱满度及检验方法

砌体分类	灰缝	饱满度及要求	检验方法
空心砖砌体	水平	≥80%	采用百格网检查块体底面或侧面砂浆的粘结痕迹面积
	垂直	填满砂浆，不得有透明缝、瞎缝、假缝	
蒸压加气混凝土砌块、轻骨料混凝土小型空心砌块砌体	水平	≥80%	
	垂直	≥80%	

③填充墙留置的拉结钢筋或网片的位置应与块体皮数相符合。拉结钢筋或网片应置于灰缝中，埋置长度应符合设计要求，竖向位置偏差不应超过一皮高度。

抽检数量：每检验批抽查不应少于5处。

检验方法：观察和用尺量检查。

④砌筑填充墙时应错缝搭砌，蒸压加气混凝土砌块搭砌长度不应小于砌块长度的1/3；轻骨料混凝土小型空心砌块搭砌长度不应小于90 mm；竖向通缝不应大于2皮。

抽检数量：每检验批抽检不应少于5处。

检查方法：观察和用尺检查。

⑤填充墙的水平灰缝厚度和竖向灰缝宽度应正确。烧结空心砖、轻骨料混凝土小型空心砌块砌体的灰缝应为8～12 mm。蒸压加气混凝土砌块砌体，当采用水泥砂浆、水泥混合砂浆或蒸压加气混凝土砌块砌筑砂浆时，水平灰缝厚度及竖向灰缝宽度不应超过15 mm；当蒸压加气混凝土砌块砌体采用蒸压加气混凝土砌块粘结砂浆时，水平灰缝厚度和竖向灰缝宽度宜为3～4 mm。

抽检数量：每检验批抽查不应少于5处。

检查方法：水平灰缝厚度用尺量5皮小砌块的高度折算；竖向灰缝宽度用尺量2 m砌体长度折算。

子项4.4 实训任务

4.4.1 实训项目指导

实训项目 加气混凝土小型砌块填充墙施工

(1)准备

①材料：砌块、砂浆、拉结筋、预埋件、木砖等。

②工具：大铲、瓦刀、托线板、线坠(锤)、施工线、卷尺、水平尺、皮数杆、小水桶、木工锯、小扫帚等。

(2)要领

①测放出墙体和门窗洞口的位置线。

②基层处理。砌筑前应对砌筑部位基层进行清理。在砌筑前一天浇水使墙与原结构相接处湿润。楼面不平整或经排砖后发现灰缝过厚，则应用细石混凝土找平。

③砌筑前排列摆块。排列砌块时，应尽量采用标准规格砌块。不够整块可以锯裁成需要的规格，但不得小于砌块长度的1/3并保护好砌体的棱角。

④砌体灰缝要做到横平竖直，水平灰缝厚度不大于15 mm，垂直灰缝厚度不大于20 mm。水平灰缝的砂浆饱满度不得小于80%，竖缝的砂浆饱满度不得小于60%。竖缝应用临时夹板夹紧后填满砂浆，不得有透明缝、瞎缝和假缝。严禁用水冲浆浇灌灰缝，也不得用石子垫灰缝。

⑤砌筑砂浆应具有较好的和易性和保水性。砌筑时铺浆要均匀、厚薄适当、浆面平整，铺浆后立即放置砌块，一次摆正找平。

⑥砌体转角处及纵横墙相交处应同时砌筑，砌块应分皮咬槎，交错搭砌。

⑦预留孔洞和穿墙等均应按设计要求砌筑，不得事后凿墙。

⑧砌体与混凝土墙相接处，必须按照要求留置拉结筋或网片，留设应符合设计和规范要求。

⑨施工过程中应严格按设计要求留设构造柱。当设计无要求时，应按墙长每5 m设一构造柱。另外在墙的端部、墙角和纵横墙相交处设构造柱。

⑩砌体与门窗的连接可通过预埋木砖实现。砌至接近梁底和板底时，应留一定的间隙，待填充墙砌筑完毕并至少间隔7 d后，再用烧结标准砖或多孔砖成60°斜砌顶紧，以防止上部砌体因砂浆收缩而开裂。

(3)砌筑过程

①砌筑形式：立面采用全顺式，上下皮错缝搭砌，搭砌长度不应小于砌块长度的1/3。

②操作步骤：弹线→基层处理→砌筑→检查。

(4)实训指导教师示范

弹出墙体边线及门窗洞口位置→基层处理(楼面清理、找平)→立皮数杆→确定组砌方法→选砌块、排砌块→墙体砌筑(砌筑过程中下拉结网片、安装混凝土过梁)→斜砖砌筑与框架顶紧→检查验收。

(5)学生进行操作

学生进行操作练习,实训指导教师进行巡视指导。

4.4.2 成绩评定参考方法

项目评价包括学习过程评价和实操过程评价两个方面,总分为100分。其中,学习过程评价占项目总分的40%,由教师评价和学生互评同时进行,取其平均分,见表4.4;实操过程评价占项目总分的60%,由自我评价和学生互评同时进行,取其平均分。

表4.4 学习过程评价得分表

	项 次	分项内容	评分标准	得 分
学习过程评分	1	课堂到课及纪律遵守情况	40	
	2	独立分析问题和解决问题的能力	30	
	3	自我学习能力	30	
	合 计		100	

子项4.5 知识拓展——砌筑工程冬期施工

《砌体工程施工质量验收规范》(GB 50203—2011)规定:当室外日平均气温连续5 d稳定低于5 ℃时,砌体工程应采取冬期施工措施。冬期施工期限以外,当日最低气温低于0 ℃时,也应采取冬期施工措施。气温应根据当地气象资料确定。

砌体工程冬期施工常用方法有外加剂法和暖棚法。

4.5.1 一般规定

①冬期施工所用材料应符合下列规定:

a. 砖、砌块在砌筑前,应清除表面污物、冰雪等,不得使用遭水浸和受冻后表面结冰、污染的砖或砌块;

b. 砌筑砂浆宜采用普通硅酸盐水泥配制,不得使用无水泥拌制的砂浆;

c. 现场拌制的砂浆所用砂中,不得含有直径大于10 mm的冻结块或冰块;

d. 石灰膏、电石渣膏等材料应有保温措施,遭冻结时应经融化后方可使用;

e. 砂浆拌和水温不宜超过80 ℃,砂加热温度不宜超过40 ℃,且水泥不得与80 ℃以上热水直接接触;砂浆稠度宜较常温适当增大,且不得二次加水调整砂浆和易性。

②砌筑间歇期间,宜及时在砌体表面进行保护性覆盖,砌体面层不得留有砂浆。继续砌筑前,应将砌体表面清理干净。

③砌体工程宜选用外加剂法进行施工,对绝缘、装饰等有特殊要求的工程,应采用其他方法。

④施工日记中应记录大气温度、暖棚内温度、砌筑时砂浆温度、外加剂掺量等有关资料。

⑤砂浆试块的留置，除应按常温规定要求外，尚应增设一组与砌体同条件养护的试块，用于检验转入常温 28 d 的强度。如有特殊需要，可另外增加相应龄期的同条件试块。

4.5.2　外加剂法

①采用外加剂法配制砂浆时，可采用氯盐或亚硝酸盐等外加剂。氯盐应以氯化钠为主，当气温低于 -15 ℃时，可与氯化钙复合使用。氯盐掺量可按表 4.5 选用。

表 4.5　氯盐外加剂掺量

<table>
<tr><th colspan="3" rowspan="2">氯盐及砌体材料种类</th><th colspan="4">日最低气温/℃</th></tr>
<tr><th>≥ -10</th><th>-11 ~ -15</th><th>-16 ~ -20</th><th>-21 ~ -25</th></tr>
<tr><td colspan="2" rowspan="2">单掺氯化钠/%</td><td>砖、砌块</td><td>3</td><td>5</td><td>7</td><td>—</td></tr>
<tr><td>石材</td><td>4</td><td>7</td><td>10</td><td>—</td></tr>
<tr><td rowspan="2">复掺/%</td><td>氯化钠</td><td rowspan="2">砖、砌块</td><td>—</td><td>—</td><td>5</td><td>7</td></tr>
<tr><td>氯化钙</td><td>—</td><td>—</td><td>2</td><td>3</td></tr>
</table>

注：氯盐以无水盐计，掺量为占拌和水质量百分化。

②砌筑施工时，砂浆温度不应低于 5 ℃。

③当设计无要求，且最低气温等于或低于 -15 ℃时，砌体砂浆强度等级应较常温施工提高一级。

④氯盐砂浆中复掺引气型外加剂时，应在氯盐砂浆搅拌的后期掺入。

⑤采用氯盐砂浆时，应对砌体中配置的钢筋及钢预埋件进行防腐处理。

⑥砌体采用氯盐砂浆施工，每日砌筑高度不宜超过 1.2 m，墙体留置的洞口距交接墙处不应小于 500 mm。

⑦下列情况不得采用掺氯盐的砂浆砌筑砌体：

a. 对装饰工程有特殊要求的建筑物；

b. 使用环境湿度大于 80% 的建筑物；

c. 配筋、钢埋件无可靠防腐处理措施的砌体；

d. 接近高压电线的建筑物（如变电所、发电站等）；

e. 经常处于地下水位变化范围内，以及在地下未设防水层的结构。

4.5.3　暖棚法

暖棚法是将构件或结构置于搭设的棚中，内部设置散热器、排管、电热器或火炉等加热棚内空气，使构件或结构处于正温环境下养护的施工方法。

①暖棚法适用于地下工程、基础工程以及工期紧迫的砌体结构。

②暖棚法施工时，暖棚内的最低温度不应低于 5 ℃。

③砌体在暖棚内的养护时间应根据暖棚内的温度确定，并应符合表 4.6 的规定。

表 4.6 暖棚法施工时的砌体养护时间

暖棚内温度/℃	5	10	15	20
养护时间/d	≥6	≥5	≥4	≥3

项目小结

本项目包含知识准备、施工指导、质量检验、实训任务及知识拓展5个子项目，旨在培养学生制订施工方案能力、指导现场施工能力、质量检测和处理问题能力。具体介绍了隔墙、填充墙的材料、构造要求及施工要点等基本知识；重点学习了填充墙与框架结构的连接，使学生具有合理地组织工人进行墙体的砌筑能力，能够对工程质量进行过程控制和检测。安排的实训任务是加气混凝土小型砌块填充墙的施工，在学习和实操过程中，培养其吃苦耐劳、团结合作的精神及安全责任意识。最后在知识拓展子项中介绍了砌体工程的冬期施工。

复习思考题

1. 填充墙与框架结构的连接方式有哪几种？
2. 何谓冬期施工？砌体工程冬期施工方法有哪几类？

参考文献

[1] 中华人民共和国住房和城乡建设部. GB 50203—2011　砌体结构工程施工质量验收规范[S]. 北京:光明日报出版社,2011.

[2] 中华人民共和国住房和城乡建设部. GB 50204—2002(2011 版)　混凝土结构工程施工质量验收规范 [S]. 北京:中国建筑工业出版社,2011.

[3] 中国建筑科学研究院. GB 50300—2013　建筑工程施工质量验收统一标准. [S]. 北京:中国建筑工业出版社,2013.

[4] 中华人民共和国建设部. GB 50068—2001　建筑结构可靠度设计统一标准[S]. 北京:中国建筑工业出版社,2001.

[5] 住房和城乡建设部工程质量安全监管司,中国建筑标准设计研究院. 全国民用建筑工程设计技术措施:结构(砌体结构) [M]. 北京:中国计划出版社,2012.

[6] 中华人民共和国住房和城乡建设部. GB 50010—2010　混凝土结构设计规范[S]. 北京:中国建筑工业出版社,2010.

[7] 中华人民共和国住房和城乡建设部. GB 50003—2011　砌体结构设计规范[S]. 北京:中国建筑工业出版社,2011.

[8] 中华人民共和国住房和城乡建设部. GB 50011—2010　建筑抗震设计规范[S]. 北京:中国建筑工业出版社,2010.

[9] 张长友,白锋. 建筑施工技术[M]. 2 版. 北京:中国电力出版社,2007.

[10] 胡兴福. 砌体结构工程施工[M]. 北京:高等教育出版社,2009.

[11] 姚谨英. 砌体结构工程施工[M]. 北京:中国建筑工业出版社,2005.

[12] 朱勇年. 砌体结构施工[M]. 北京:高等教育出版社,2009.

[13] 张昌叙. 砌体结构工程施工质量验收规范实施手册 (GB 50203—2011) [M]. 北京:中国建筑工业出版社,2011.

[14] 宋功业,冀焕胜,夏云泽. 砌体结构工程施工技术与质量控制[M]. 天津:天津大学出版社,2011.

[15] 徐占发. 混凝土结构与砌体结构施工[M]. 武汉:华中科技大学出版社,2010.